人工智能实践编程技术丛书 ARTIFICIAL INTELLIGENCE PROGRAMMING PRACTICES

总主编 刘辉

气象预测与 Python 实践

段铸 李燕飞 刘辉 ⊙ 编著

METEOROLOGICAL FORECASTING AND PYTHON PRACTICES

中南大学出版社
www.csupress.com.cn
·长沙·

图书在版编目(CIP)数据

气象预测与 Python 实践 / 段铸，李燕飞，刘辉编著.
—长沙：中南大学出版社，2024.2
ISBN 978-7-5487-5736-8

Ⅰ．①气… Ⅱ．①段… ②李… ③刘… Ⅲ．①程序
语言－程序设计－应用－气候预测 Ⅳ．①P46-39

中国国家版本馆 CIP 数据核字(2024)第 037175 号

气象预测与 Python 实践
QIXIANG YUCE YU Python SHIJIAN

段铸　李燕飞　刘辉　编著

□ 出 版 人	林绵优	
□ 策划编辑	刘颖维	
□ 责任编辑	刘颖维	
□ 封面设计	李芳丽	
□ 责任印制	唐　曦	
□ 出版发行	中南大学出版社	
	社址：长沙市麓山南路	邮编：410083
	发行科电话：0731-88876770	传真：0731-88710482
□ 印　　装	长沙印通印刷有限公司	

□ 开　　本	710 mm×1000 mm 1/16	□ 印张 6	□ 字数 120 千字
□ 版　　次	2024 年 2 月第 1 版	□ 印次 2024 年 2 月第 1 次印刷	
□ 书　　号	ISBN 978-7-5487-5736-8		
□ 定　　价	68.00 元		

图书出现印装问题，请与经销商调换

前 言

气象预测在现代社会中发挥着重要作用。本书基于当前主流的过程驱动气象预测模式输出结果，阐述面向 Python 的气象预测数据分析及后处理方法。本书共 5 章：

第 1 章阐述了气象预测过程驱动方法与数据驱动方法的特点，介绍了集成预测、降尺度预测、概率预测等混合方法的研究进展。

第 2 章开展了气象监测数据、预测数据及重分析数据的特性分析研究，介绍了气象数据空间关联分析、时域特征分析与预测精度评估方法。

第 3 章开展了气象预测模式集成研究，介绍了最小二乘法、单目标优化与多目标优化等线性集成算法，以及多层感知器、支持向量回归、xgboost 等非线性集成算法，并提供了各种算法的预测精度分析。

第 4 章开展了气象预测统计降尺度研究，介绍了长短期记忆网络、门控循环单元网络、卷积长短期记忆网络与Transformer 算法的基本原理及在气象预测降尺度中的应用，并提供了各种算法的预测精度分析。

第 5 章开展了气象预测不确定性描述研究，阐述了基于Gaussian 分布、Weibull 分布、Gamma 分布与 Burr 分布的参数化不确定性描述方法，介绍了核密度估计、狄利克雷过程混合模型、高斯过程回归等非参数不确定性描述算法，并提供了各种算法的预测精度分析。

本书受到国家重点研发计划项目（2020YFC2008600）、国家自然科学基金（52072412）等项目资助。书中附有 Python 函数介绍及编程实例，可为气象预测相关研究人员、工程师与学生提供参考。

气象预测融合了物理学、数学、信息学等众多学科知识，内涵丰富。由于作者学识有限，本书主要聚焦于面向 WRF 风速预测输出的 Python 后处理方法。书中难免存在疏漏和不当之处，恳请各位专家和读者批评指正。

作者
2023 年 11 月

目 录

Contents

第1章

绪论

气象预测能够为农业生产、交通运输、电力系统、居民生活等提供决策支撑。现有的主流气象预测方法可以分为过程驱动预测方法(process-based forecasting model)、数据驱动预测方法(data-driven forecasting model)和混合预测方法等[1-3]。

1.1 过程驱动预测方法

过程驱动预测方法具备完善的大气物理先验知识,能够描述大气演化机理,获得预测结果[4]。Powers 使用 WRF(weather research and forecasting)方法完成了对南极极端风速事件的建模与回溯,较好地捕捉到了气旋驱动事件的天气背景和演化轨迹[5]。Nygaard 等完成了云中地面过冷云液态水含量(supercooled cloud liquid water content, SLWC)的 WRF 预测,并使用芬兰北部山区的实测数据验证了模型的可行性[6]。Liu 等使用 WRF 实现了对英格兰西南部的降雨预测,并分析了数据同化方式对预测结果的影响[7]。

边界条件与参数化方案是实现高性能过程驱动预测的重要前提。Raju 等构建了气旋纳尔吉斯的 WRF 描述,并分析了初始条件对描述性能的影响,发现 Yonsei University(YSU)边界层与 Kain-Fritsch(KF)对流方案结合能够获得最好的结果[8]。Etherton 等对比了 local analysis and prediction system(LAPS)、north american mesoscale model(NAM)仿真初值对 WRF 预测性能的影响,发现 LAPS 初始化能够获取更准确的地表参数 WRF 预测,特别是在计算的前 6 h[9]。

1.2 数据驱动预测方法

数据驱动预测方法将气象数据看作时间序列[10, 11]，通过学习时序趋势变化规律，外推历史气象趋势，获取气象预测结果。Pham 等使用粒子群优化的极限学习机模型实现了日均降雨量的准确预测[12]。Yan 等使用奇异谱分析方法分解原始风速序列，并针对不同频段的子序列构建了差异化的神经网络预测模型[13]。此外，长短期记忆(long short term memory，LSTM)网络、深度置信网络(deep belief network，DBN)、门控循环单元(gated recurrent unit，GRU)网络、卷积神经网络(convolutional neural network，CNN)、深度回声状态网络(deep echo state network，DESN)等深度学习方法越来越广泛地应用于大风预测[14-19]。

1.3 混合预测方法

混合预测方法将过程驱动预测方法与数据驱动预测方法相结合。在本书中，重点阐述采用数据驱动预测方法进行过程驱动方法(WRF)后处理的混合预测结构。这种混合预测结构主要包括集成预测、降尺度预测、概率预测等[20]。

1.3.1 集成预测

集成预测能够使用数据驱动方法融合不同初始条件的 WRF 输出，获取性能更优的预测结果。集成预测策略可以分为均值法、误差法、优化法、神经网络法等。均值法即直接对 WRF 预测结果求平均。Zhao 等使用 GMDH (group method of data handling)网络选取了最优 WRF 子模型集合，随后使用均值法进行集成，获得了准确的集成风速预测结果[21]。误差法将 WRF 预测模型的相关系数、均方根误差、准确率、误报率等指标作为自变量，模型权重作为因变量，构建权重计算方程。Sofiati 等对比了平均值法与误差法，发现两者能够获取类似的预测精度[22]。优化法即将集成权重看作优化变量，求解预测精度最高的集成权重。常见的求解方法包括：最小二乘法[23]、可行顺序二次规划 (feasible sequential quadratic programming，FSQP)[24]、布谷鸟优化算法[25]。神经网络法则采用具备强非线性拟合能力的神经网络模型集成 WRF 输出。Goodarzi 等使用贝叶斯神经网络实现了对 WRF 降雨量预测模型的非线性集成[26]。Cheng 等使用 RBF(radial basis function)网络集成 WRF 与 MM5 预测模型,实验验证集成模型获得了比 WRF 与 MM5 更优的预测结果[27]。

1.3.2 降尺度预测

为了将 WRF 空间预测输出映射到特定地点的预测结果,可以采用数据驱动方法拟合 WRF 输出的空间关联性,完成从"空间"到"单点"的降尺度计算。Wang 等使用多层感知器(multi-layer perceptron,MLP)模型提取 WRF 仿真预测结果的深层次特征,进而构建随机树模型输出观测点的风速预测结果[28]。Xu 等对 WRF 预测结果展开多尺度分析,进而使用长短期记忆网络获取观测点的风速预测结果[4]。Sayeed 等将 WRF 预测结果构建为多维张量,进而使用卷积神经网络获取监测站点的气象预测结果[29]。

1.3.3 概率预测

气象系统存在混沌性与不确定性。数据驱动的概率预测方法能够评估 WRF 预测结果的随机性,进而输出不确定性预测区间,为决策提供更可靠全面的信息支撑。当前概率预测方法主要包括参数化方法与非参数化方法两类。参数化方法采用正态分布、Beta 分布等概率分布模型描述不确定性,限定了概率分布的形状;而非参数方法能够更灵活地描述分布特征,但是需要高质量的数据支撑。Cheng 等使用参数化模型(离散贝叶斯学习、Beta 分布)与非参数化模型(核密度估计)实现了 WRF 预测的不确定性估计,并结合参数化方法与非参数化方法,实现了更优的概率预测结果[30]。

第 2 章

气象场资料分析

2.1 引言

气象场资料主要分为观测资料、重分析资料与预报资料三种[31]。观测资料即通过地面监测、卫星遥感等方式，获取真实的气象数据。重分析资料指通过数据同化算法，融合观测遥感数据与物理仿真数据，生成的更逼近实际情况、更全面的气象资料。重分析资料能够通过数据同化结合观测遥感数据的真实性与物理仿真数据的覆盖性。常见的数据同化方法包括 3DVar[32]、4DVar[33]、卡尔曼滤波[34]、粒子滤波[35]等；常见的重分析资料包括 ERA-5（fifth generation ECMWF reanalysis）[36]、NNRP（NCEP/NCAR reanalysis project）[37]、GDAS（global data assimilation system）[38]等。预报资料为根据初始化气象场开展气象物理仿真得到外推气象场资料，常见的预报资料包括 IFS（integrated forecasting system）、GFS（global forecast system）等。

本章将阐述基于重分析资料的空间关联分析方法、基于观测资料的时域特征分析方法，以及基于观测与预报资料的预测精度评估方法。

2.2 空间关联分析

作为典型的自然环境要素，气象场是空间相关的，且体现出显著的局部性与区域性[39]。常见的关联度量化方法包括 Pearson 相关性、Spearman 相关性、Kendall 相关性等，这三种方法的输出均在-1 与 1 之间。若为-1，表示两个序列完全反向相关；若为 1，则表示两个序列完全正向相关；若为 0，则表示两个序列没有相关关系。设两点的气象数据序列分别为 x 与 y，长度均为 N，上述关联度量化方法的计算方法如下。

（1）Pearson 相关性

Pearson 相关性的计算公式如式（2-1）所示。Pearson 相关性仅能描述连续数值序列之间的线性关系，而且需要序列符合正态分布[40]。

$$P_{\text{Pearson}} = \frac{\sum xy - \dfrac{\sum x \sum y}{N}}{\sqrt{N \sum x^2 - \left(\sum x\right)^2}\sqrt{N \sum y^2 - \left(\sum y\right)^2}} \tag{2-1}$$

Pearson 相关性在 Python 中的计算函数为：

```
def scipy.stats.pearsonr(x, y, * , alternative='two- sided')
```

- x 与 y：输入变量，需要为一维序列。
- alternative：备择假设。
  "two-sided"——相关性非零。
  "less"——相关性为负。
  "greater"——相关性为正。

（2）Spearman 相关性

Spearman 相关性的计算公式如式（2-2）所示。不同于 Pearson 相关性，Spearman 相关性是非参数化的。该方法不要求序列的分布满足正态条件，既能处理连续数值的相关性，也能处理排序数据的相关性[41]。

$$P_{\text{Spearman}} = \frac{\sum R_x R_y - \dfrac{\sum R_x \sum R_y}{N}}{\sqrt{N \sum R_x^2 - \left(\sum R_x\right)^2}\sqrt{N \sum R_y^2 - \left(\sum R_y\right)^2}} \tag{2-2}$$

式中：R_x 与 R_y 是 x 与 y 序列的秩，即数值排序。

Spearman 相关性的计算函数为：

```
def scipy.stats.spearmanr(a, b=None, axis=0, nan_policy='propagate', alternative='two-sided')
```

- a 与 b：输入变量，可以为一维序列或二维矩阵。
- axis：坐标轴。
  0——输入数据的列代表变量。

1——输入数据的行代表变量。

None——输入数据展开为一维变量。

- nan_policy：nan 处理策略。

"propagate"——若输入含有 nan，输出 nan。

"raise"——若输入含有 nan，引发 error。

"omit"——忽略输入的 nan。

- alternative：备择假设。

"two-sided"——相关性非零。

"less"——相关性为负。

"greater"——相关性为正。

（3）Kendall 相关性

与 Spearman 相关性类似，Kendall 相关性也是非参数化的，能够同时处理连续数据与排序数据[42]。Kendall 相关性的常用计算方法包括 Kendall Tau-b 与 Kendall Tau-c 等，计算公式如下所示[43, 44]：

$$P_{\text{Kendall-b}} = \frac{n_c - n_d}{\sqrt{\left(\dfrac{N(N-1)}{2} - n_1\right)\left(\dfrac{N(N-1)}{2} - n_2\right)}} \tag{2-3}$$

$$P_{\text{Kendall-c}} = \frac{2(n_c - n_d)}{n^2 \dfrac{\min(r, c) - 1}{\min(r, c)}} \tag{2-4}$$

式中：n_1 是 x 的配对数量；n_2 是 y 的配对数量；n_c 是一致配对数量；n_d 是非一致配对数量；r 是输入的行数量；c 是输入的列数量。

Kendall 相关性的计算函数为：

```
def scipy.stats.kendalltau(x, y, initial_lexsort=None, nan_policy='propagate', method='auto', variant='b', alternative='two-sided')
```

- x 与 y：输入变量，为一维序列。
- initial_lexsort：在新版本中被弃用。
- nan_policy：nan 处理策略。

"propagate"——若输入含有 nan，输出 nan。

"raise"——若输入含有 nan，引发 error。

"omit"——忽略输入的 nan。

- method：P 值计算方法。

　　"auto"——自动选取方法。

　　"asymptotic"——适用于大规模样本的正态估计方法。

　　"exact"——计算精确的 P 值。

- variant：相关性计算方法。

　　"b"——使用式(2-3)进行计算。

　　"c"——使用式(2-4)进行计算。

- alternative：备择假设。

　　"two-sided"——相关性非零。

　　"less"——相关性为负。

　　"greater"——相关性为正。

2.3　时域特征分析

（1）平稳性

平稳性可以分为弱平稳性与强平稳性[45]。假设时间序列为 X，弱平稳性指时间序列的均值随时间保持不变，且时序协方差仅与时间差相关。强平稳性指选取任意时间段的时序变量，其联合分布保持不变。一般而言，使用弱平稳性作为评判标准。常使用 ADF（augmented Dickey-Fuller）单位根假设评判平稳性。Python 计算函数为：

```
def statsmodels.tsa.stattools.adfuller(x, maxlag = None, regression = 'c', autolag = 'AIC', store =
False, regresults = False)
```

- x：待检测序列。

- maxlag：最大时延，当设置为 None 时默认为 $12 \times \left(\dfrac{N}{100}\right)^{1/4}$，其中 N 为序列的样本数量。

- regression：是否包含在回归中的常量和趋势。

　　"c"——仅包含常量。

　　"ct"——常量与趋势。

　　"ctt"——常量与线性、二次趋势。

　　"n"——不包含常量与趋势项。

- autolag：时延确定方法。

　　"AIC"或"BIC"——使用对应方法确定最优时延。

"t-stat"——从 maxlag 开始减少时延,直到最后一个时延长度的 t 统计量测试显着(5%显著水平)。

"None"——用最大时延。

- store:若为 True,则会包含 adf 统计量。

(2)自相关

自相关与偏相关是时间序列可预测性的重要评估标准。自相关函数能够衡量时间序列时延变量的相关关系。假设时延为 k,则其自相关系数 $ACF(k)$ 计算公式为[46]:

$$ACF(k) = \sum_{t=k+1}^{n} \frac{(X_t - \overline{X})(X_{t-k} - \overline{X})}{\sum_{t=1}^{n}(X_t - \overline{X})^2} \tag{2-5}$$

Python 中自相关函数的计算函数为:

```
def statsmodels.tsa.stattools.acf(x, adjusted=False, nlags=None, qstat=False, fft=True, alpha=None, bartlett_confint=True, missing='none')
```

- x:待检测序列。
- adjusted:若为 True,则分母为 $N-k$,反之为 N。
- nlags:输出的时延数量,若没有指定,则使用 $\min(10 \times \log N, N-1)$。
- qstat:若为 True,则返回 Ljung-Box Q 统计量。
- fft:若为 True,则使用 fft 计算自相关函数。
- alpha:显著性水平。
- bartlett_confint:若为 True,则计算自相关函数的置信区间。
- missing:缺失值处理方式。

  "none"——不进行缺失值处理。

  "raise"——引发缺失值异常。

  "drop"——删除缺失的观察值。

  "conservative"——使用 nan-ops 方法计算自协方差,将序列长度 N 设置为非缺失观测值的数量。

(3)偏相关

在上述自相关系数的计算过程中,除了考虑 X_t 与 X_{t-k} 的相关性之外,还考虑了 X_{t-1},X_{t-2} 等参数与 X_t 的相关性。偏相关系数 $PACF(k)$ 可以专门计算 X_t 与 X_{t-k} 的相关性,可以根据 Yule-Walker 方程求解[47]:

$$\begin{bmatrix} 1 & ACF(1) & \cdots & ACF(k-1) \\ ACF(1) & 1 & \cdots & ACF(k-2) \\ \vdots & \vdots & \cdots & \vdots \\ ACF(k-1) & ACF(k-2) & \cdots & 1 \end{bmatrix} \begin{bmatrix} PACF(1) \\ PACF(2) \\ \vdots \\ PACF(k) \end{bmatrix} = \begin{bmatrix} ACF(1) \\ ACF(2) \\ \vdots \\ ACF(k) \end{bmatrix}$$

$$(2-6)$$

在 Python 中偏相关的计算函数为：

```
def statsmodels.tsa.stattools.pacf (x, nlags=None, method='ywadjusted', alpha=None)
```

- x：待检测序列。
- nlags：输出的时延数量，若没有指定，则使用 $\min(10 \times \log N, N-1)$。
- method：计算方法。

  "yw"或"ywadjusted"——样本量修正后的 Yule-Walker 方法。

  "ywm"或"ywmle"——不经过修正的 Yule-Walker 方法。

  "ols"——时间序列的滞后回归和常数回归。

  "ols-inefficient"——使用单个样本估计所有 PACF 系数的滞后时序回归。

  "ols-adjusted"——偏差调整的滞后时序回归。

  "ld"或"ldadjusted"——带偏差校正的 Levinson-Durbin 递归。

  "ldb"或"ldbiased"——不带偏差校正的 Levinson-Durbin 递归。

  "burg"——Burg 偏自相关估计量。
- alpha：显著性水平。

2.4　预测精度评估

（1）平均绝对误差（mean absolute error，MAE）

平均绝对误差指对预测误差绝对值取平均，是最常用的预测指标之一[48]。平均绝对误差越接近于 0，则预测精度越高。假设预测序列为 $\hat{X}$，实际序列为 X，两者的序列长度均为 N，则平均绝对误差的计算方法为[48]：

$$MAE = \frac{\sum_{i=1}^{N} |X_i - \hat{X}_i|}{N}$$

$$(2-7)$$

在 Python 中平均绝对误差的计算函数为：

```
def sklearn. metrics. mean _ absolute _ error (y _ true, y _ pred, * , sample _ weight = None,
multioutput='uniform_average')
```

9

- y_true 与 y_pred：实际序列与预测序列。
- sample_weight：计算误差时的样本权重。
- multioutput：多特征序列的误差计算方式。
  "raw_values"——返回与序列特征数量一致的误差向量。
  "uniform_average"——将多特征序列的误差向量进行平均。也可以输入与序列特征数量一致的向量作为误差向量的平均权重。

（2）均方误差（mean squared error, *MSE*）

均方误差将上述平均绝对误差的绝对值计算改成了平方计算，具备可微性。均方误差越接近于 0，则预测精度越高。其计算方法如下所示[49]：

$$MSE = \frac{\sum_{i=1}^{N} (X_i - \hat{X}_i)^2}{N} \tag{2-8}$$

在 Python 中均方误差的计算函数为：

```
def sklearn.metrics.mean_squared_error(y_true, y_pred, * , sample_weight=None, multioutput='uniform_average', squared=True)
```

- y_true 与 y_pred：实际序列与预测序列。
- sample_weight：计算误差时的样本权重。
- multioutput：多特征序列的误差计算方式。
  "raw_values"——返回与序列特征数量一致的误差向量。
  "uniform_average"——将多特征序列的误差向量进行平均。也可以输入与序列特征数量一致的向量作为误差向量的平均权重。
- squared：若为 True，则输出均方误差，反之输出均方根误差。

（3）均方根误差（rooted mean squared error, *RMSE*）

均方根误差即对均方误差开根号，与平均绝对误差具有相同的量纲。均方根误差越接近于 0，则预测精度越高。如果误差序列符合高斯分布，且序列足够长，均方根误差能够比平均绝对误差更好地评估误差。反之，如果误差更符合均匀分布，则更适合平均绝对误差。在一般使用过程中，难以获知误差分布的具体形状，因此需要同时评估均方根误差与平均绝对误差。

均方根误差的计算方法如式（2-9）所示[48]。Python 计算代码与均方误差类似，仅需将 squared 参数设置为 False。

$$RMSE = \sqrt{\frac{\sum_{i=1}^{N} (X_i - \hat{X}_i)^2}{N}} \tag{2-9}$$

（4）平均绝对百分比误差（mean average percentage error，*MAPE*）

平均绝对百分比误差能够衡量预测误差与真实值之间的比例关系。平均绝对百分比误差越接近于 0，则预测精度越高。计算方法如下所示[49]：

$$MAPE = \sqrt{\frac{\sum\limits_{i=1}^{N} |X_i - \hat{X}_i| / X_i}{N}} \qquad (2-10)$$

平均绝对百分比误差对真实值非常敏感。若存在为 0 的真实值，则平均绝对百分比误差无法计算。若真实值接近于 0，则平均绝对百分比误差会出现畸变，无法反映真实的预测精度。在实际使用中，一般需要先除去接近于 0 的真实值及其对应的预测结果，再开展计算。Python 中平均绝对百分比误差的计算函数如下所示：

```
def sklearn.metrics.mean_absolute_percentage_error(y_true, y_pred, * , sample_weight =
None, multioutput='uniform_average')
```

- y_true 与 y_pred：实际序列与预测序列。
- sample_weight：计算误差时的样本权重。
- multioutput：多特征序列的误差计算方式。
  "raw_values"——返回与序列特征数量一致的误差向量。
  "uniform_average"——将多特征序列的误差向量进行平均。也可以输入与序列特征数量一致的向量作为误差向量的平均权重。

2.5 气象场资料分析实例

2.5.1 空间关联分析

本节使用 ERA-5 重分析资料开展气象资料的空间相关分析。ERA-5 全称为 ECMWF 第五代全球气候大气再分析数据，涵盖 1950 年 1 月至今，空间分辨率为 0.25°×0.25°，时间分辨率为 1 h。本节重点分析 2019 年 2 月 1 日至 2019 年 2 月 28 日 ERA-5 地表 10 m 风速与地表 2 m 温度数据的空间相关性。

ERA-5 重分析资料选择 43.25°N、88.25°E 作为中心点，计算并可视化周围经度 4°、纬度 8°正方形区域气象场与中心点气象的相关性[50]，ERA-5 重分析资料的提取代码如下所示：

```
1. # 打开 ERA - 5 重分析资料文件
2. ncfile_10u = Dataset("e5.oper.an.sfc.128_165_10u.ll025sc.2019020100_2019022823.nc")
3. ncfile_10v = Dataset("e5.oper.an.sfc.128_166_10v.ll025sc.2019020100_2019022823.nc")
4. ncfile_2t = Dataset("e5.oper.an.sfc.128_167_2t.ll025sc.2019020100_2019022823.nc")
5.
6. # 提取 ERA - 5 变量
7. lons = ncfile_10u[ 'longitude' ][ : ]
8. lats = ncfile_10u[ 'latitude' ][ : ]
9. VAR_10u = ncfile_10u[ 'VAR_10U' ][ : ]
10. VAR_10v = ncfile_10v[ 'VAR_10V' ][ : ]
11. VAR_10ws = np.sqrt(VAR_10u* * 2 + VAR_10v* * 2)
12. VAR_2t = ncfile_2t[ 'VAR_2T' ][ : ]
```

可视化结果如图 2-1～图 2-6 所示。从图 2-1～图 2-6 中可以看出，风速的相关性弱于温度的相关性，这是因为风速的波动性与随机性更强；Pearson 相关性与 Spearman 相关性结果相似，说明空间相关性中，线性相关性为主要组成部分；尽管同属于非参数检验方法，Kendall 相关性弱于 Spearman 相关性，这是因为这两种非参数检验方法的侧重点不同。Spearman 相关性能够衡量平均象限依赖性，而 Kendall 相关性能够衡量平均似然比依赖性。

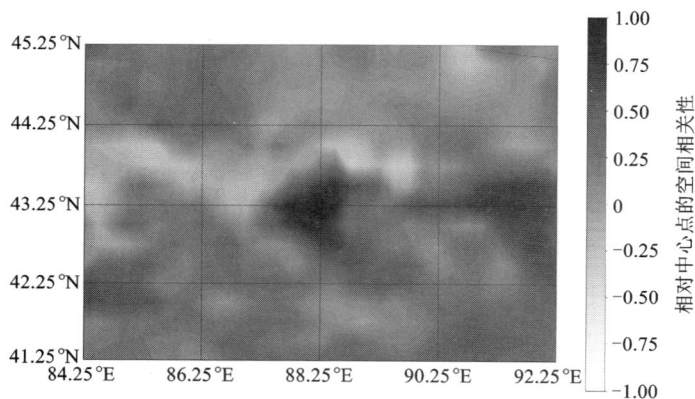

图 2-1 10 m 风速的空间 Pearson 相关性

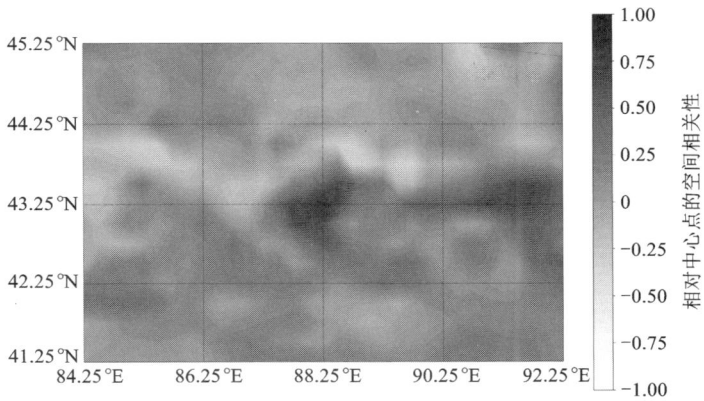

图 2-2　10 m 风速的空间 Spearman 相关性

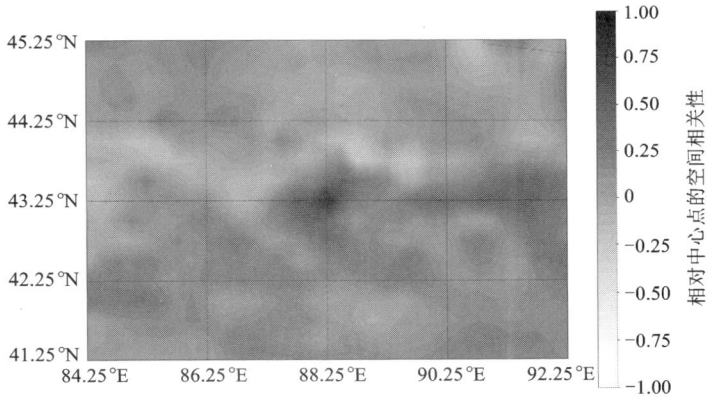

图 2-3　10 m 风速的空间 Kendall 相关性

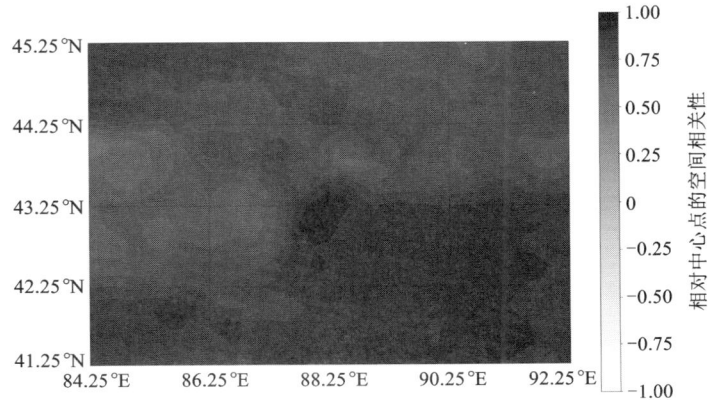

图 2-4　2 m 温度的空间 Pearson 相关性

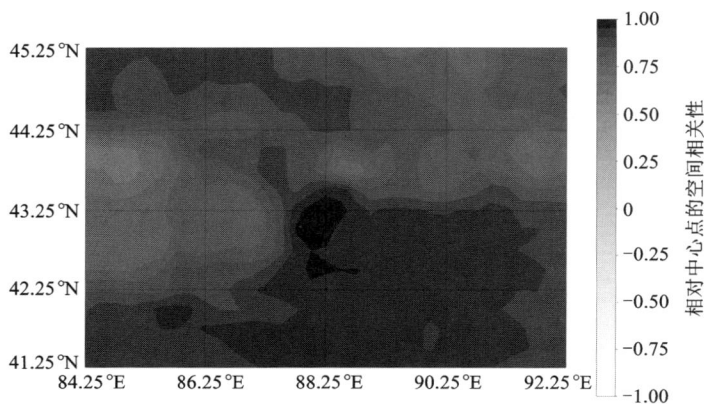

图 2-5 2 m 温度的空间 Spearman 相关性

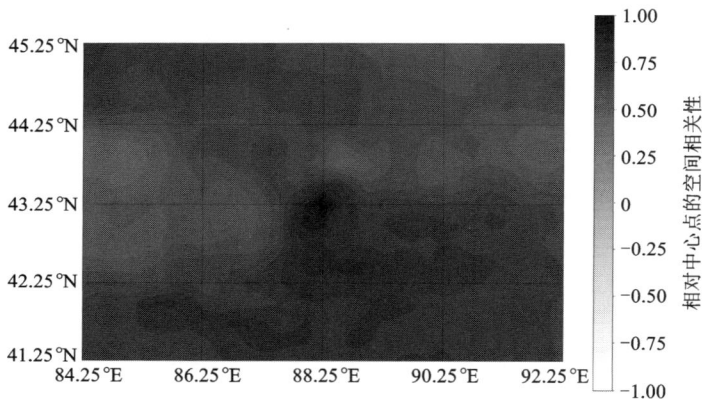

图 2-6 2 m 温度的空间 Kendall 相关性

2.5.2 时域特征分析

本节使用地面风速监测结果分析时域特征。首先进行数据预处理，包括异常值剔除、数据补全、文件存储等操作，代码如下所示：

```
1. # 读入数据
2. D = pd.read_csv(wind.txt, sep='; ')
3.
4.
5. # 剔除异常值
```

```
6.
7. D = D.interpolate()
8.
9. # 转化格式
10. D['DATA'] = pd.to_datetime(D['DATA'], format='%Y%m%d%H%M')
11. D = D.set_index('DATA')
12. D.to_csv('measured_wind_speed.csv')
```

　　站点监测数据的曲线图及频数图如图 2-7 所示。从图 2-7 可以看出，风速数据呈现强波动性，且服从偏态分布。

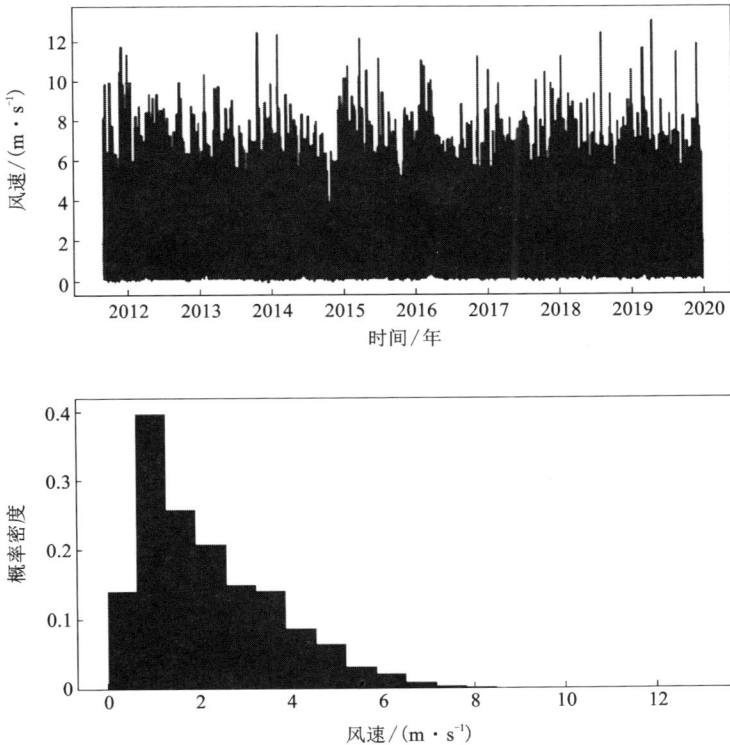

图 2-7　德国 DWD No. 161 站点历史监测数据

（1）平稳性检验

使用 statsmodels. tsa. stattools. adfuller 函数检验测试风速数据的平稳性，该函数的输出包含 adf、pvalue、usedlag、nobs、critical_values 和 icbest 共 6 个变量。在本案例中，adf 代表 ADF 统计量，为 -42.773。pvalue 代表 ADF 检验的 P 值，为 0，即可以在 99% 置信度下拒绝原假设，认为风速序列是非平稳的。usedlag 代表 ADF 检验最终使用的时延个数，为 98。nobs 代表风速序列的总长度，为 438237。critical_values 代表关键显著性水平下的统计量，为 {'1%': -3.4303649219219365, '5%': -2.86154659531181, '10%': -2.5667735104439147}。由于第 1 行中的统计量 -42.773 远远小于 critical_values 在 1% 置信度下的统计量 -3.430，因此可以认为风速序列能够在小于 1% 的置信度上拒绝原假设。icbest 代表在选取时延过程中的最优信息准则值，为 641672.965。

（2）自相关性与偏相关性

进一步使用 statsmodels. tsa. stattools. acf 与 statsmodels. tsa. stattools. pacf 计算自相关性与偏相关性系数并可视化，可绘制出如图 2-8、图 2-9 所示的自相关、偏相关系数图。从图 2-8 和图 2-9 可以看出，风速时序呈现显著的自相关拖尾（自相关系数缓慢衰减）与偏相关截尾（2 阶后的偏相关系数快速衰减）特征，能够使用 AR 模型实现对此序列的描述。

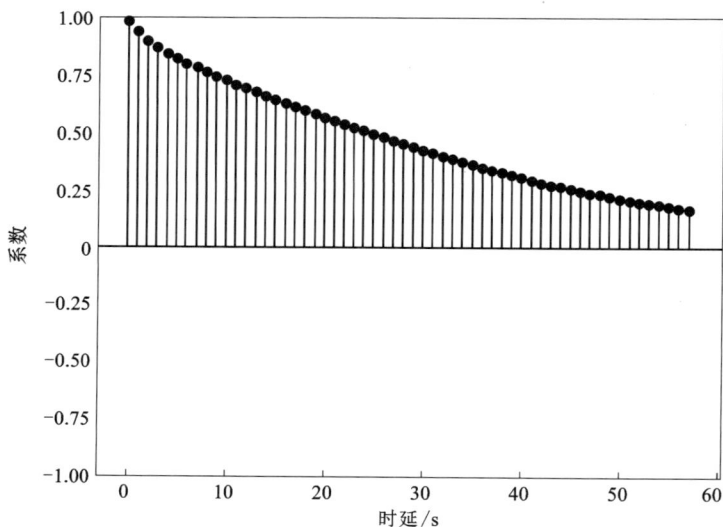

图 2-8　自相关系数

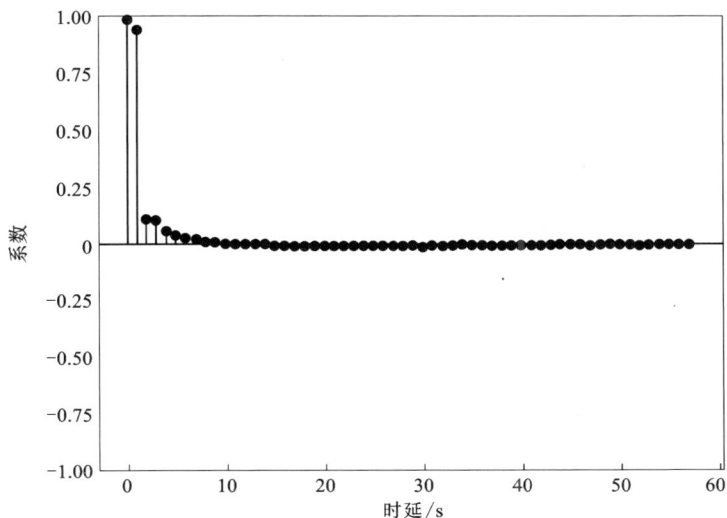

图 2-9　偏相关系数

2.5.3　预测精度评估

本节使用 WRF 预测结果与地面风速监测结果分析 WRF 的预测精度。覆盖长度包括 2019-2-2 至 2019-3-2，共 28 d。具体的时间安排如图 2-10 所示。

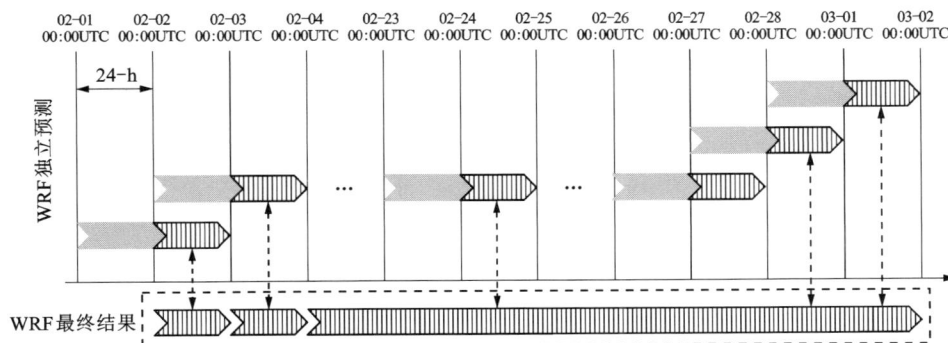

图 2-10　WRF 预测时间安排

WRF 预测输出数据的读取代码如下所示：

```
1. # 设置文件名称
2. File_names = [ f"wrfout_d02_2019-02-{i:02}_00_00_00"
3.               for i in range(1, 29)]
4. wsp_loc = []
5.
6. # 读取预测数据
7. for file in File_names：
8.
9.     # 打开 WRF 预测文件
10.    ncfile = Dataset(file)
11.
12.    # 提取 WRF 预测变量
13.    timeidx = ALL_TIMES
14.    wsp = getvar(ncfile, "wspd_wdir10", units="m s-1",
15.                 timeidx=ALL_TIMES)[0, :]    # 10 m 风速
16.
17.    # 获取 WRF 网格中距离监测站点最近的坐标
18.    Loc = [50.4237, 7.4202]
19.    x, y = ll_to_xy(ncfile, Loc[0], Loc[1])
20.
21.    # 获取 WRF 风速预测结果
22.    wsp_loc.append(wsp[144: 288, x, y].data)
```

根据提取得到的预测时序，能够获得如图 2-11 所示风速预测曲线与概率分布图。从图中可以看出，WRF 模型能够有效跟踪风速时序的变化趋势，但是预测均值与实际均值存在一定差异。预测精度如表 2-1 所示。

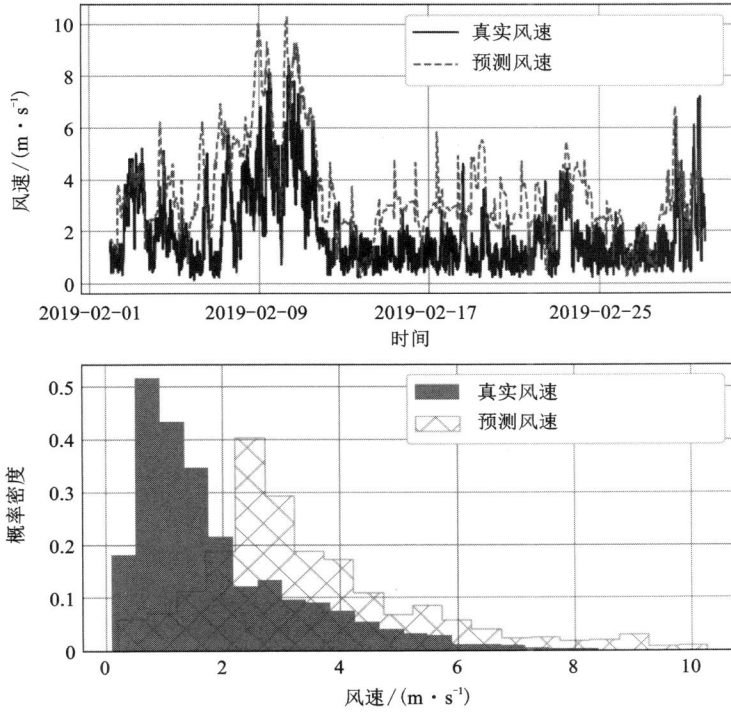

图 2-11　风速预测曲线与概率分布对比

表 2-1　风速预测精度

模型	$MAE/(\mathrm{m \cdot s^{-1}})$	$MSE/(\mathrm{m^{-2} \cdot s^{-2}})$	$RMSE/(\mathrm{m \cdot s^{-1}})$	$MAPE$
WRF	1.719	4.504	4.504	0.770

第3章

气象预测模式集成

3.1 引言

集成建模能够融合不同预测结果的多样化信息，获得更优异的预测结果[51]。本章采用不同起始时间(时隔 1 d)，不同网格分辨率(16.7 km 与 50 km)的 4 个多样化预测子模型，采用线性与非线性方法构建集成预测模型。WRF 集成预测时间安排如图 3-1 所示。集成预测结果的时长为从 2019-02-02 UTC 到 2019-02-28 UTC 的 27 d，时间分辨率为 10 min。

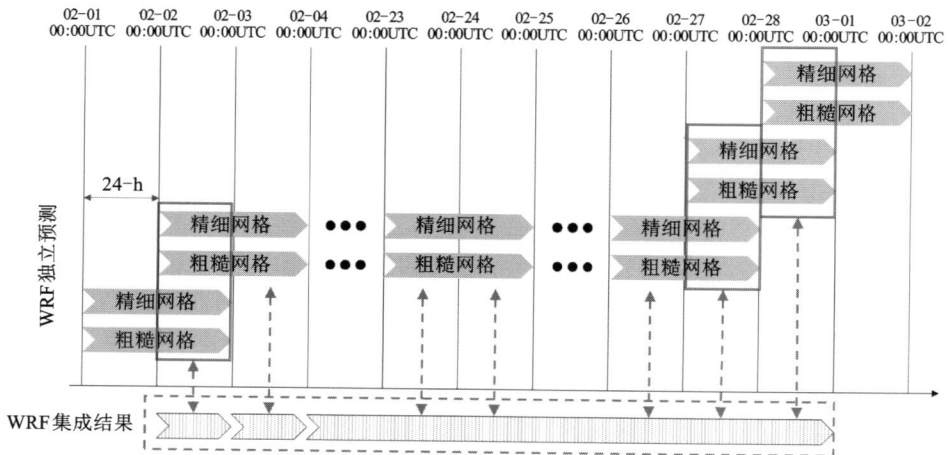

图 3-1　WRF 集成预测时间安排

绘制子模型预测结果如图 3-2 所示。可以看出各子模型的预测结果与预测精度均有一定差异,预测性能如表 3-1 所示。

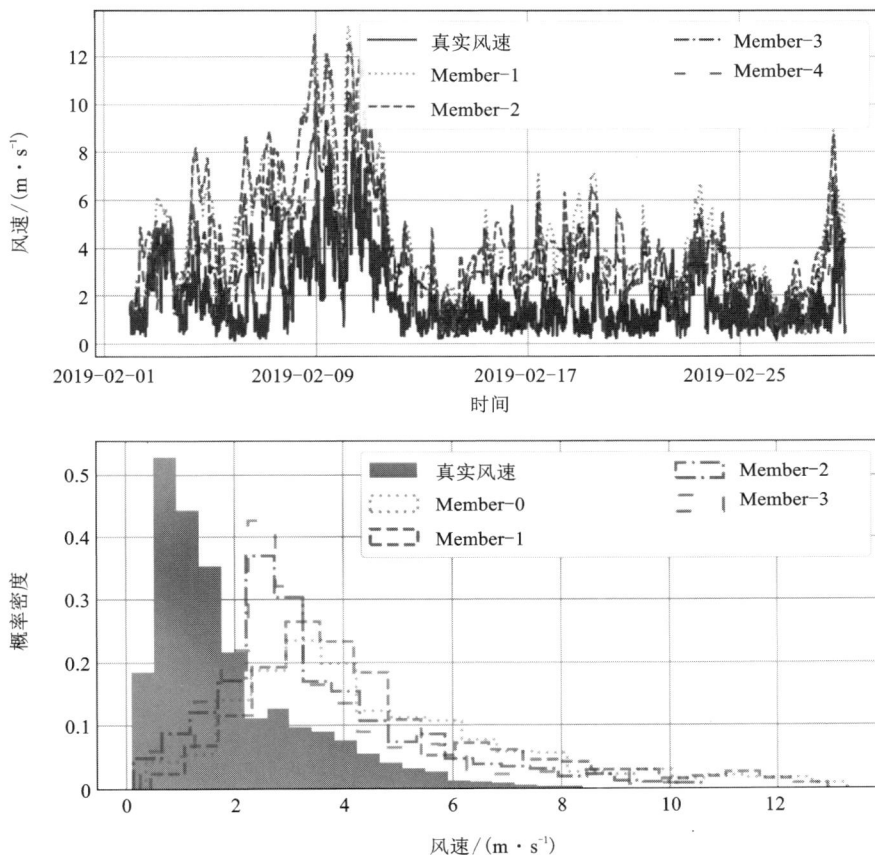

图 3-2　WRF 子模型预测结果

表 3-1　不同 WRF 模型的风速预测精度

模型	$MAE/(\mathrm{m \cdot s^{-1}})$	$MSE/(\mathrm{m^{-2} \cdot s^{-2}})$	$RMSE/(\mathrm{m \cdot s^{-1}})$	$MAPE$
Member-1	2.766	11.313	3.363	1.265
Member-2	2.742	10.733	3.276	1.267
Member-3	1.730	4.629	2.152	0.782
Member-4	1.673	4.256	2.063	0.751

3.2 线性集成

3.2.1 最小二乘法

假设共有 n 个子模型，子模型预测结果为 $X = [x_1, x_2, \cdots, x_n]^T$，线性集成权重为 $W = [w_1, w_2, \cdots, w_n]$，实际监测数据为 $Y = [y_1, y_2, \cdots, y_n]^T$，线性集成问题可以简化为如下最小二乘（least squares，LS）问题[52]：

$$\min_{W} \| Y - WX \|_2^2 \qquad (3-1)$$

上述最小二乘解可以直接根据伪逆求出，即 $\hat{W} = YX^{\dagger}$，其中 $X^{\dagger}$ 为 X 的伪逆。伪逆存在很多定义，包括德拉任逆矩阵、摩尔–彭若斯广义逆矩阵等。这里采用的是摩尔–彭若斯广义逆矩阵。针对矩阵 X，其伪逆矩阵 $X^{\dagger}$ 满足如下性质[53]：

$$\begin{cases} XX^{\dagger}X = X \\ X^{\dagger}XX^{\dagger} = X^{\dagger} \\ (XX^{\dagger})^H = XX^{\dagger} \\ (X^{\dagger}X)^H = X^{\dagger}X \end{cases} \qquad (3-2)$$

与常规矩阵逆相比，伪逆的特殊之处在于其适用于非方阵。所有非方阵均存在唯一的伪逆。伪逆的计算方程如下所示[54]：

$$\begin{cases} X = U\Sigma V^T \\ X^{\dagger} = V\Sigma^{-1}U^T \end{cases} \qquad (3-3)$$

Python 中伪逆的计算函数如下所示：

```
def numpy.linalg.pinv(a, rcond=1e-15, hermitian=False)
```

- a：输入数据。
- rcond：奇异值的截止阈值。
- hermitian：若为 True，则将输入数据视为厄米特矩阵，并采用更有效的算法求解。

3.2.2 单目标启发式算法

单目标启发式优化算法能够针对一个独立的优化目标（在预测领域一般

是 *MSE* 指标），使用仿生原理（遗传算法、灰狼算法、蝙蝠算法等）、物理原理（模拟退火算法、多宇宙算法、原子搜索算法）等进行求解。

　　本节以灰狼算法为例介绍单目标启发式算法。灰狼算法是一种仿生算法，通过模拟狼群追逐猎物的过程求解最优解。灰狼群体存在严格的等级制度，小部分拥有领导权的灰狼带着一群灰狼向猎物行进，灰狼分为 α、β、δ、ω 从上到下依次四个等级。α、β、δ 狼主导捕猎活动，ω 狼跟随上述三种狼进行捕猎。狼群追寻猎物，即算法寻求最优解的过程，分为如下 3 个步骤[55]。

　　（1）包围

　　灰狼在狩猎过程中首先对猎物进行包围。假设当前迭代次数为 t，猎物位置为 $X_p(t)$，则灰狼位置可以更新为[55]：

$$\begin{cases} D = |\boldsymbol{C} \cdot X_p(t) - X(t)| \\ X(t+1) = X_p(t) - \boldsymbol{A} \cdot D \end{cases} \tag{3-4}$$

式中：$\boldsymbol{A}$ 和 $\boldsymbol{C}$ 是系数向量，计算方法如下所示[55]

$$\begin{cases} \boldsymbol{A} = 2a \cdot r_1 - a \\ \boldsymbol{C} = 2 \cdot r_2 \end{cases} \tag{3-5}$$

式中：a 是随迭代次数线性下降的变量，范围在 0 到 2 之间；r_1 与 r_2 是 0 到 1 之间的随机变量。

　　（2）狩猎

　　在包围猎物后，狼群会根据 α、β、δ 狼的位置开展攻击。此过程可以描述为狼群其他狼向 α、β、δ 狼靠拢的过程。在算法中，α、β、δ 狼被定义为与 $X_p(t)$ 位置最近的 3 匹狼，其位置分别为 X_α、X_β 与 X_δ。则狼群位置更新过程如下所示[55]：

$$\begin{cases} D_\alpha = |\boldsymbol{C}_1 \cdot X_\alpha - X|, \ D_\beta = |\boldsymbol{C}_2 \cdot X_\beta - X|, \ D_\delta = |\boldsymbol{C}_3 \cdot X_\delta - X| \\ X_1 = X_\alpha - \boldsymbol{A}_1 \cdot D_\alpha, \ X_2 = X_\beta - \boldsymbol{A}_2 \cdot D_\beta, \ X_3 = X_\delta - \boldsymbol{A}_3 \cdot D_\delta \\ X(t+1) = \dfrac{X_1 + X_2 + X_3}{3} \end{cases} \tag{3-6}$$

　　（3）攻击与搜索

　　随后灰狼开展攻击从而完成狩猎。向量 $\boldsymbol{A}$ 是 $-2a$ 到 $2a$ 之间的随机值，其中 a 在迭代过程中从 2 减小到 0。当 $|A| < 1$ 时，狼群的下一个位置可以在其当前位置和猎物的位置之间的任何位置。上述狩猎过程仅依靠 α、β、δ 狼的位置，缺少随机性。当 $|A| > 1$ 时，狼群位置会远离当前目标，并寻找更好的猎物，从而实现全局的搜索。

　　Python 中灰狼算法的类如下所示：

```
class mealpy.swarm_based.GWO.OriginalGWO(self, epoch=10000, pop_size=100)
```

- epoch：灰狼算法迭代次数。
- pop_size：灰狼种群个数。

3.2.3 多目标启发式算法

多目标启发式算法能够实现对多个目标函数的同时优化。本节使用 NSGA-Ⅲ（non-dominated sorting genetic algorithm Ⅲ）。与 NSGA-Ⅱ（non-dominated sorting genetic algorithm Ⅱ）相比，NSGA-Ⅲ在种群选择与种群多样性上性能更优[56]。NSGA-Ⅲ的 Python 类如下所示：

```
class pymoo.algorithms.moo.nsga3.NSGA3(self, ref_dirs, pop_size=None,
sampling=FloatRandomSampling(),
selection=TournamentSelection(func_comp=comp_by_cv_then_random), crossover=SBX(eta=
30, prob=1.0), mutation=PM(eta=20), eliminate_duplicates=True, n_offsprings=None,
output=MultiObjectiveOutput())
```

- ref_dirs：参考方向。
- pop_size：种群数量。
- sampling：种群初始化参数。
- selection：种群选择策略。
- crossover：种群交叉策略。
- mutation：种群变异策略。
- eliminate_duplicates：是否删除种群中的重复个体。
- n_offsprings：种群后代数量。
- output：输出设置。

（1）多目标优化定义

①多目标优化问题。

假设 $f_i(x)$ 是优化函数，g_i 是不等式约束，h_i 是等式约束，$[L_i, U_i]$ 是变量的下限与上限。则多目标优化函数可以定义为[57]：

$$
\begin{cases}
\min F(x) = [f_1(x), f_2(x), \cdots, f_p(x)] \\
\text{s.t.} : g_i(x) \geqslant 0, \ i=1, 2, \cdots, q \\
h_i(x) = 0, \ i=1, 2, \cdots, m \\
L_i \leqslant x_i \leqslant U_i, \ i=1, 2, \cdots, n
\end{cases}
\tag{3-7}
$$

②可行域。

可行域 Ω 定义为满足优化问题限制的所有可行解的集合。

③帕累托支配。

向量 u 支配另外一个向量 $v(u \prec v)$，当且仅当 $\forall i \in \{1, 2, \cdots, p\} : u_i \leqslant v_i$ $\cap \exists i \in \{1, 2, \cdots, p\} : u_i < v_i$。

④帕累托最优解。

帕累托最优解 P^* 定义为不存在支配关系的解集 $P^* = \{x \in \Omega | \neg \exists x' \in \Omega, F(x') \prec F(x)\}$。

⑤帕累托面。

帕累托面即帕累托最优解的对应多目标函数值集合 $PF^* = \{[f_1(x), f_2(x), \cdots, f_p(x)] | x \in P^*\}$。在多目标优化过程中，目标函数及解集筛选非常重要。

（2）目标函数

多目标优化过程中会权衡优化目标函数，需要谨慎选择函数搭配。在气象预测领域，常见的多目标函数组合包括以下几种。

①MSE 与 SDE(standard deviation of error)。

MSE 与 SDE 能够分别描述预测结果的预测精度与预测稳定性。集成预测模型由于复杂度更高，会更易于过拟合。仅仅描述预测精度会导致集成预测模型的失稳。多目标函数里面的 SDE 能够控制集成模型预测稳定性，进而避免过拟合。假设预测序列为 $\hat{X}$，实际序列为 X，两者的序列长度均为 N，目标函数计算公式如下所示[2]：

$$
\begin{cases}
MSE = \dfrac{\displaystyle\sum_{i=1}^{N} (X_i - \hat{X}_i)^2}{N} \\[4mm]
SDE = \sqrt{\dfrac{\displaystyle\sum_{i=1}^{N} \left[(X_i - \hat{X}_i) - \displaystyle\sum_{i=1}^{N} (X_i - \hat{X}_i)/N \right]^2}{N}}
\end{cases}
\tag{3-8}
$$

②Bias 与 Variance。

Bais-Variance 分解同样能够实现对预测精度与稳定性的评估。假设时间序列 $X_i(\varepsilon) = x_i + \varepsilon_i$，其中 i 是时间序列的序号，x_i 是时间序列的真值，ε_i 是时间序列的噪声值。通过模型训练与预测后，可以得到预测时间序列 $\hat{X}_i(D)$，其中 D 为模型的训练数据集。随后 MSE 误差可以分解为 Bias、Variance 与 Noise 3 个部分[58]：

25

$$E_i\big[E_{D,\varepsilon}\big[(\hat{X}_i(D)-X_i(\varepsilon))^2\big]\big]$$
$$=E_{i,D}\big[(E_\varepsilon[X_i(\varepsilon)]-\hat{X}_i(D))^2\big]$$
$$+E_{i,\varepsilon}\big[(X_i(\varepsilon)-E_\varepsilon[X_i(\varepsilon)])^2\big]$$
$$=E_i\big[(E_D[\hat{X}_i(D)]-E_\varepsilon[X_i(\varepsilon)])^2\big] \tag{3-9}$$
$$+E_{i,D}\big[(\hat{X}_i(D)-E_D[\hat{X}_i(D)])^2\big]$$
$$E_{i,\varepsilon}\big[(E_\varepsilon[X_i(\varepsilon)]-X_i(i)^2\big]$$
$$=Bias+Variance+Noise$$

式中：$E_t[\ ]$、$E_D[\ ]$ 与 $E_\varepsilon[\ ]$ 分别为在时间、训练数据与噪声上的期望。在 Variance 项中，$E_D[\hat{X}_i(D)]$ 的准确计算需要重复采样的训练数据 D。由于气象时序不是人工序列，训练数据 D 的重复采样无法实现，需要使用交叉验证方法开展估计。在 Bias 项中，由于气象时序真值无法获取，$E_\varepsilon[X_i(\varepsilon)]$ 无法准确计算。这里有两种方法能够实现对 $E_\varepsilon[X_i(\varepsilon)]$ 的估计。第一种方法为回归法，该方法使用额外的预测模型实现对时序真值的捕捉，但是会额外引入建模误差。第二种方法即直接假设时序噪声为 0。本节使用第二种方法。随后，Bias-varaince 分解能够表示为[2]：

$$E_i\big[E_{D,\varepsilon}\big[(\hat{X}_i(D)-X_i(\varepsilon))^2\big]\big]$$
$$=E_i\big[(E_D[\hat{X}_i(D)]-X_i(\varepsilon))^2\big] \tag{3-10}$$
$$+E_{i,D}\big[(\hat{X}_i(D)-E_D[\hat{X}_i(D)])^2\big]$$
$$=Bias+Variance+Noise$$

（3）解集筛选

多目标优化函数的求解结果是帕累托解集，而不是唯一解。为了从帕累托解集中选取最终的求解结果，需要开展解集筛选研究。常用的方法包括 TOPSIS（technique for order of preference by similarity to ideal solution）、VIKOR（vIekriterijumsko kompromisno rangiranje）等。

①TOPSIS。

TOPSIS 方法是多因素决策的常用方法。该方法首先将多目标帕累托面进行标准化处理，获得零均值、单位方差、正向收益的标准化矩阵[59]：

$$\boldsymbol{f}_M=\begin{bmatrix} f_{11} & f_{12} & \cdots & f_{1m} \\ f_{21} & f_{22} & \cdots & f_{2m} \\ \vdots & \vdots & \ddots & \vdots \\ f_{n1} & f_{n2} & \cdots & f_{nm} \end{bmatrix} \tag{3-11}$$

式中：f_{ij} 为第 i 个解第 j 个目标函数的归一化值。

进一步计算解的理想最优值 f^+ 与最劣值 f^- [59]:

$$f^+ = \begin{bmatrix} \max(f_{11}, f_{21}, \cdots, f_{n1}) \\ \max(f_{12}, f_{22}, \cdots, f_{n2}) \\ \vdots \\ \max(f_{1m}, f_{2m}, \cdots, f_{nm}) \end{bmatrix}^{\text{T}} \tag{3-12}$$

$$f^- = \begin{bmatrix} \min(f_{11}, f_{21}, \cdots, f_{n1}) \\ \min(f_{12}, f_{22}, \cdots, f_{n2}) \\ \vdots \\ \min(f_{1m}, f_{2m}, \cdots, f_{nm}) \end{bmatrix}^{\text{T}} \tag{3-13}$$

随后计算所有帕累托面与理想最优值与最劣值的欧几里得距离,分别为 d^+ 与 d^-。则第 i 个帕累托解的评分为 [59]:

$$S_i = \frac{d_i^-}{d_i^- + d_i^+} \tag{3-14}$$

最后对所有帕累托解评分进行排序,选择分数最高的解作为最终的结果。

②VIKOR。

VIKOR 与 TOPSIS 的思想类似,即评估帕累托解对理想最优与最劣解的距离,进而评估解的质量。与 TOPSIS 不同的是,VIKOR 不计算距离,而是计算 S_i 与 R_i [60]:

$$S_i = \sum_j w_j \left(\frac{f_i^+ - f_{ij}}{f_i^+ - f_i^-} \right) \tag{3-15}$$

$$R_i = \max_j \left(w_j \left(\frac{f_i^+ - f_{ij}}{f_i^+ - f_i^-} \right) \right) \tag{3-16}$$

式中: w_j 是第 j 个目标函数的权重。

随后,根据 S 与 R 计算帕累托解的评分 [60]:

$$Q_i = v \frac{S_i - \min(S)}{\max(S) - \min(S)} + (1-v) \frac{R_i - \min(R)}{\max(R) - \min(R)} \tag{3-17}$$

式中: v 是权衡期望与风险的权重,数值越大表明更倾向于群体效应,反之表明更倾向于个体效应。最后对 S、R 及 Q 进行综合排序,确定最终解集选取结果。

3.3 非线性集成

3.3.1 多层感知器

多层感知器(multi-layer perceptron，MLP)是最基础的神经网络算法。根据万能近似定理，MLP 模型能够以任意的精度来近似任何从一个有限维空间到另一个有限维空间的 Borel 可测函数。其分为输入层、隐含层与输出层，结构如图 3-3 所示。MLP 的隐含层使用非线性激活，输入层到隐含层、隐含层到输出层的权值及阈值可以通过反向传播进行训练[61]。

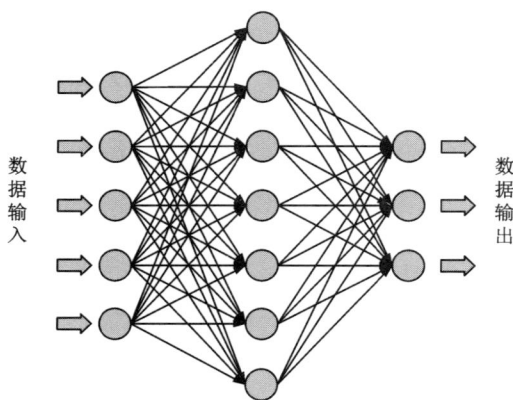

图 3-3　MLP 结构示意图

```
class sklearn.neural_network.MLPRegressor(self, hidden_layer_sizes = (100，), activation = 'relu',
*， solver = 'adam', alpha = 0.0001, batch_size = 'auto', learning_rate = 'constant', learning_rate_
init = 0.001, power_t = 0.5, max_iter = 200, shuffle = True, random_state = None, tol = 0.0001,
verbose = False, warm_start = False, momentum = 0.9, nesterovs_momentum = True, early_
stopping = False, validation_fraction = 0.1, beta_1 = 0.9, beta_2 = 0.999, epsilon = 1e- 08, n_iter_
no_change = 10, max_fun = 15000)
```

- hidden_layer_sizes：隐含层数量，输入包含多个数值的数值可以设置多个隐含层。

- activation：激活函数，可以设置为"identity""logistic""tanh""relu"。
- solver：求解器，可以设置为"lbfgs""sgd""adam"。
- alpha：L2 正则化权重。
- batch_size：批尺寸。
- learning_rate：学习率模式。

　　"constant"——学习率参数在训练过程中保持不变。

　　"invscaling"——学习率参数逆指数递减。

　　"adaptive"——根据迭代过程中的损失函数调整学习率参数。

- learning_rate_init：初始化学习率。仅在求解器为"sgd"与"adam"时有效。
- power_t：设置学习率逆指数递减参数。
- max_iter：最大学习率。
- shuffle：迭代时是否随机打乱样本。仅在求解器为"sgd"与"adam"时有效。
- random_state：随机数种子。
- tol：损失变化阈值。
- verbose：是否输出迭代过程信息。
- warm_start：是否使用前一次训练的参数进行初始化。
- momentum：sgd 求解器的动量参数。
- nesterovs_momentum：是否使用 Nesterov 动量。
- early_stopping：在损失函数不再优化时是否提前停止，若设置为 True，连续 n_iter_no_change 个迭代次数损失函数不再优化，即停止训练。
- validation_fraction：验证集比例。
- beta_1：adam 求解器中第一动量向量的指数衰减率。
- beta_2：adam 求解器中第二动量向量的指数衰减率。
- epsilon：adam 求解器中为了保证数值稳定性的小量。
- n_iter_no_change：损失函数不再优化的迭代次数阈值。
- max_fun：函数的最大调用次数，仅在求解器为"lbfgs"时有效。

　　在上述函数的计算过程中，涉及众多超参数。不同的参数设置会严重影响模型性能。

3.3.2　支持向量回归

　　假设自变量为 x，因变量为 y，支持向量回归（support vector regressor，SVR）方法能够简化为下式求解[62]：

29

$$\begin{cases} \min_{w,\,b} \dfrac{1}{2}\parallel w \parallel^2 \\ \text{s. t. } \mid y_i - wx_i - b \mid \leq \varepsilon \end{cases} \qquad (3-18)$$

式中：w 与 b 是待求解的 SVR 模型参数；ε 是 SVR 模型的偏差参数。与传统的线性回归方法不同，SVR 模型不直接优化预测误差，而是将其放置在约束中，即要求所有点的预测偏差均需要小于 ε。

在实际情况中，很明显上式的约束难以成立。因此需要引入松弛变量 ξ，扩大允许的误差范围。则 SVR 模型优化方程可以演变为[63]：

$$\begin{cases} \min_{w,\,b} \dfrac{1}{2}\parallel w \parallel^2 + C \sum_i \xi_i \\ \text{s. t. } \mid y_i - wx_i - b \mid \leq \varepsilon + \mid \xi_i \mid \end{cases} \qquad (3-19)$$

式中：C 为正则化参数。从上式中易知，松弛变量 ξ 实际上衡量了模型的估计误差，且当样本估计误差小于 ε 时，样本的 ξ 为 0。进一步，为了实现非线性预测，可以将核函数引入上式。在 Python 中的 SVR 类如下所示：

```
class sklearn.svm.SVR(self, kernel='rbf', degree=3, gamma='scale', coef0=0.0, tol=0.001, C=1.0, epsilon=0.1, shrinking=True, cache_size=200, verbose=False, max_iter=-1)
```

- kernel：核函数，可以为"linear""poly""rbf""sigmoid""precomputed"。
- degree：多项式核函数的次数，仅当 kernel 为 poly 时有效。
- gamma："poly""rbf""sigmoid"的核参数，若设置为"scale"，则使用 1/（特征数 * 数据方差）；若设置为"auto"，则使用 1/（特征数）。
- coef0：核参数，在"poly"与"sigmoid"核函数中很重要。
- tol：迭代收敛阈值。
- C：L2 正则化参数。
- epsilon：SVR 的参数 ε。
- shrinking：是否使用收缩。若参数设置得当，可以大幅提升计算速度。
- cache_size：核存储尺寸，单位为 MB。
- verbose：是否输出迭代过程信息。
- max_iter：最大迭代次数。设置为 -1 代表无迭代次数限制。

3.3.3 xgboost

xgboost 是一种集成树模型，通过梯度 Boost 算法实现树模型的增量更新。该算法能够通过集成众多简单的树模型，实现强预测能力[64]。该模型计算简单高效、鲁棒性强，被广泛应用于数据竞赛与实际部署，取得了出色的效果。
Python 中的 xgboost 类如下所示：

```
class xgboost.XGBRegressor(self, objective='reg：squarederror', * * kwargs)
```

- n_estimators：梯度下降树的数量，与迭代次数相同。
- max_depth：最大树深度。
- max_leaves：最大叶数量。
- learning_rate：学习率。
- min_child_weight：实例后代。
- seed：随机数种子。
- min_child_weight：最小叶节点样本权重和。
- subsample：训练实例的子样本比率。
- colsample_bytree：树随机采样列比例。
- gamma：树的叶节点上进一步分区所需的最小损失下降。
- reg_alpha：L1 惩罚项权重。
- reg_lambda：L2 惩罚项权重。

3.4　WRF 集成实例

3.4.1　线性集成方法实例

（1）最小二乘集成方法实例

采用 numpy. linalg. pinv 实现最小二乘集成方法。获得模型集成权重为 0.10229、0.00238、0.15843 及 0.26029。预测精度如表 3-2 所示。预测精度最差的 Member-1 与 Member-2 的权重更小。最小二乘优化集成预测结果曲线与概率直方图如图 3-4 所示，可以看出最小二乘法优化得到的结果基本遵循了实际风速的变化趋势，集成预测精度比原始 WRF 子模型预测结果有了较大的提升。

表 3-2　最小二乘集成模型的风速预测精度对比

模型	$MAE/(m \cdot s^{-1})$	$MSE/(m^{-2} \cdot s^{-2})$	$RMSE/(m \cdot s^{-1})$	$MAPE$
Member-1	2.766	11.313	3.363	1.265
Member-2	2.742	10.733	3.276	1.267
Member-3	1.730	4.629	2.152	0.782
Member-4	1.673	4.256	2.063	0.751
LS ensemble	0.731	0.839	0.916	0.348

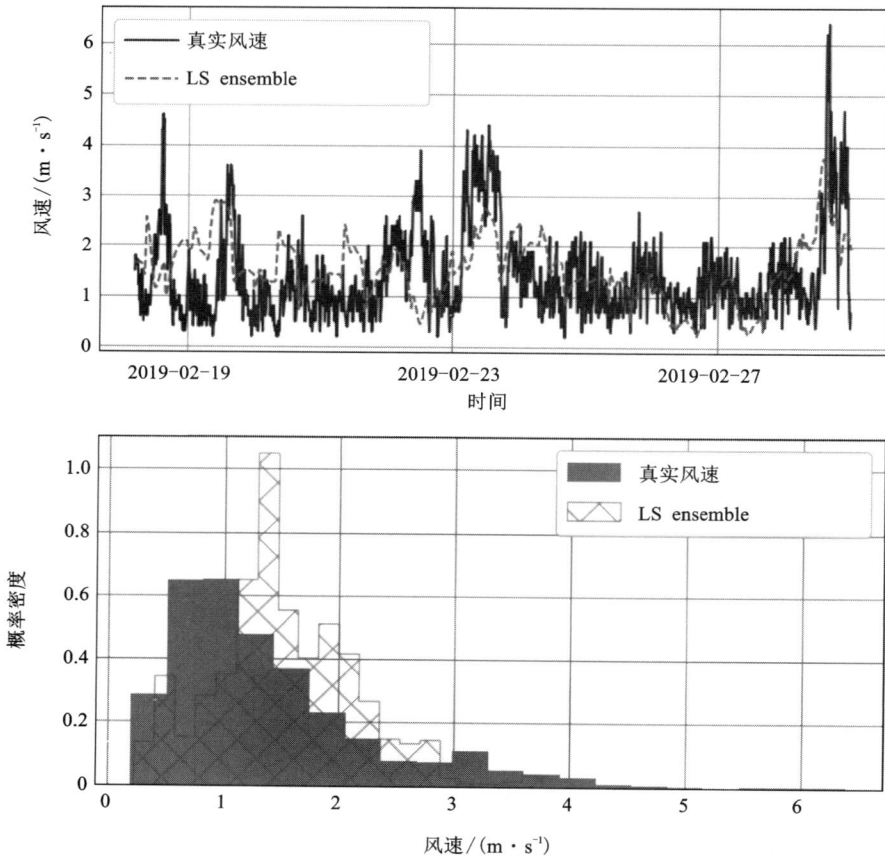

图 3-4　基于最小二乘的 WRF 集成预测结果

（2）单目标优化集成方法实例

采用 mealpy. swarm_based. GWO. OriginalGWO 实现单目标集成。目标函数设置如下所示。在目标函数中，注意第一个形参为待优化变量，后续的形参均需要指定默认参数。优化过程中，需要使用@ 符号实现矩阵乘法。

```
1. def fitness_function(weight, member=wsp_mem.iloc[Ind_train, 1：5],
2.                       real=wsp_mem.iloc[Ind_train, 0]):
3.     """
4.     计算集成目标函数
5.     ：param weight：待优化的集成权重
6.     ：param member：子模型预测时序
7.     ：param real：真实时序
8.     ：return：集成模型的均方误差
9.     """
10.     MSE = mean_squared_error(real, weight @ member.T)
11.     return MSE
```

通过单目标优化算法，获得模型集成权重为 0. 10229、0. 00238、0. 15843 及 0. 26029。可以看出权重与最小二乘法得到的结果类似，预测精度最差的 Member-1 与 Member-2 的权重同样更小。这是因为最小二乘是最小均方误差的理论最优解，单目标优化方法迭代过程中目标函数变化趋势如图 3-5 所示。如图 3-6 所示的预测结果图可以看出单目标优化得到的结果基本遵循了实际

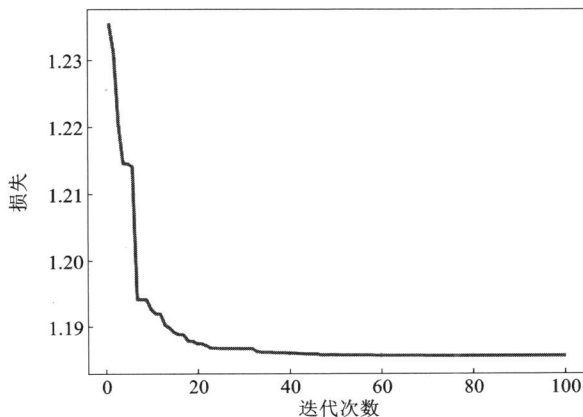

图 3-5　目标函数优化曲线

风速的变化趋势。单目标优化方法的预测精度如表 3-3 所示,可以看出集成预测精度比原始 WRF 子模型预测精度有了较大的提升。

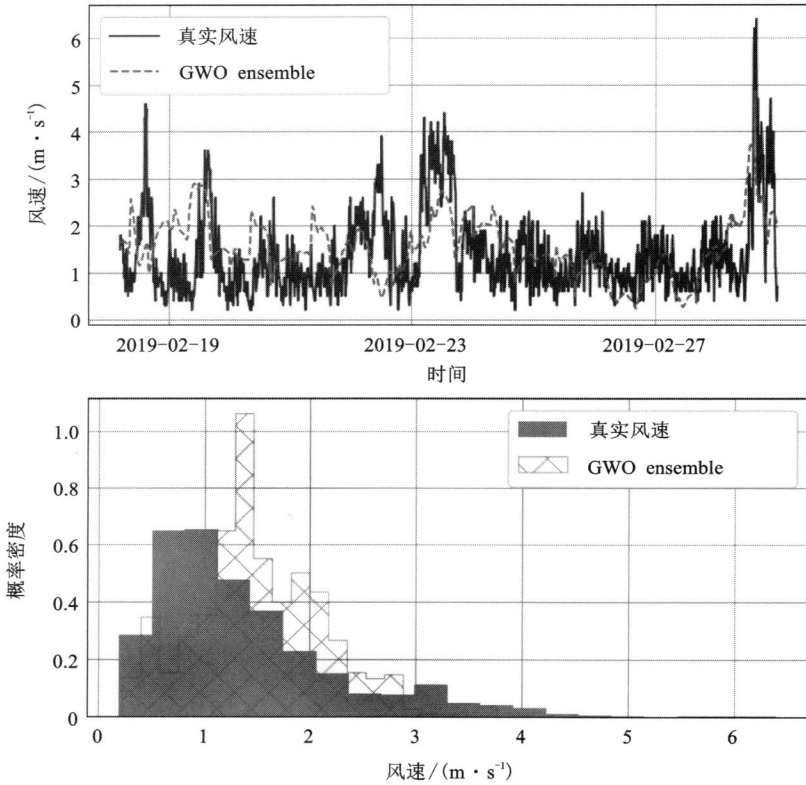

图 3-6　基于灰狼算法的 WRF 集成预测结果

表 3-3　单目标优化集成模型的风速预测精度对比

模型	$MAE/(\mathrm{m \cdot s^{-1}})$	$MSE/(\mathrm{m^{-2} \cdot s^{-2}})$	$RMSE/(\mathrm{m \cdot s^{-1}})$	$MAPE$
Member-1	2.766	11.313	3.363	1.265
Member-2	2.742	10.733	3.276	1.267
Member-3	1.730	4.629	2.152	0.782
Member-4	1.673	4.256	2.063	0.751
GWO ensemble	0.731	0.839	0.916	0.348

34

（3）多目标优化集成方法实例

采用 pymoo. algorithms. moo. nsga3. NSGA3 实现多目标集成方法。目标函数设置如下所示。目标函数需要设置为类，包含__int__及_evaluate 两个函数。前者实现对优化算法的参数初始化，后者计算多个目标函数值。优化过程中，同样需要使用@ 符号实现矩阵乘法。

```
1.  class WRF_Ensemble_Problem(ElementwiseProblem)：
2.
3.      def __init__(self)：
4.          super().__init__(n_var=4, n_obj=2, n_ieq_constr=0,
5.                              xl=[-1, -1, -1, -1],
6.                              xu=[1, 1, 1, 1])
7.
8.      def _evaluate(self, weight, out,
9.                      member=wsp_mem.iloc[Ind_train, 1：5],
10.                     real=wsp_mem.iloc[Ind_train, 0],
11.                     * args, * * kwargs)：
12.         """
13.         计算集成目标函数
14.         : param weight：待优化的集成权重
15.         : param member：子模型预测时序
16.         : param real：真实时序
17.         : return：集成模型的均方误差 MSE 与误差标准差 SDE
18.         """
19.         MSE = mean_squared_error(real, weight @ member.T)
20.         SDE = np.std(real - weight @ member.T)
21.         out['F'] = [MSE, SDE]
```

通过单目标优化算法，获得模型集成权重为 0.10304、-0.00001、0.15667 及 0.26270。对比最小二乘法以及单目标优化算法，可以看出权重数值产生了较大的差异。Member-2 权重为负数，且接近于零。如图 3-7 所示，NSGA-Ⅲ能够实现两个目标函数的同时优化，进而生成如图 3-8 所示的双曲线帕累托面。NSGA-Ⅲ模型的集成预测结果曲线与概率直方图如图 3-9 所示,预测精度如表 3-4 所示。可以看出,集成预测精度比原始 WRF 子模型预测结果有了较大的提升。

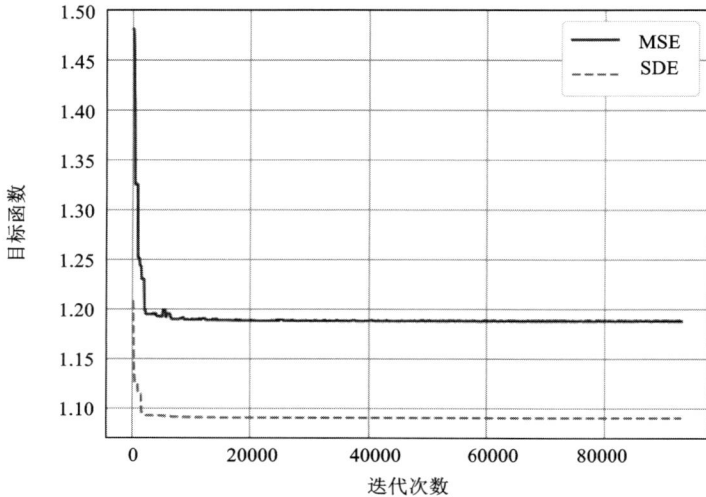

图 3-7　目标函数优化曲线

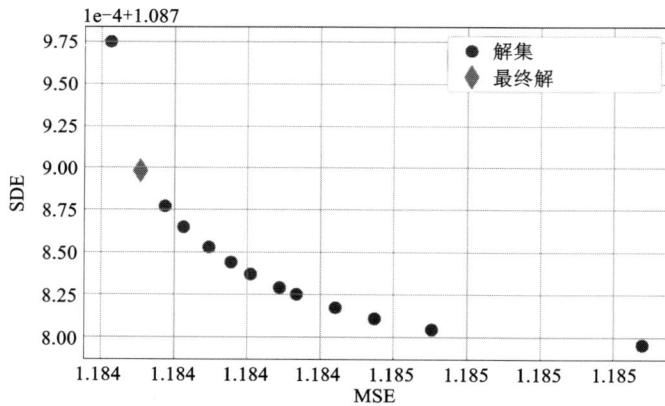

图 3-8　NSGA-Ⅲ的帕累托面

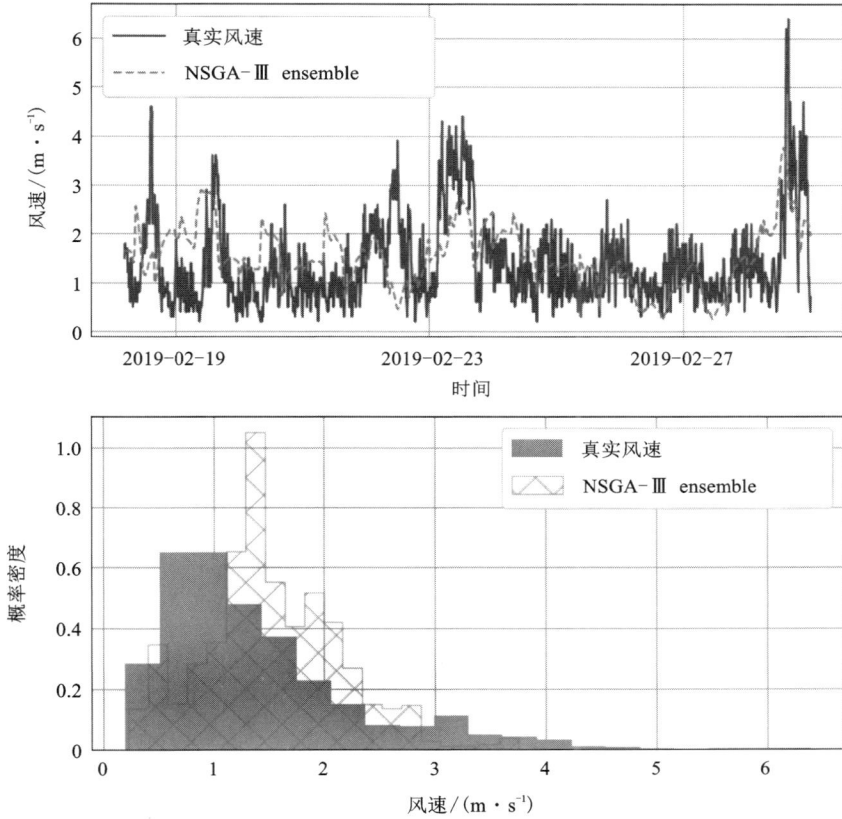

图 3-9　基于 NSGA-Ⅲ 的 WRF 集成预测结果

表 3-4　多目标优化集成模型的风速预测精度对比

模型	$MAE/(\mathrm{m \cdot s^{-1}})$	$MSE/(\mathrm{m^{-2} \cdot s^{-2}})$	$RMSE/(\mathrm{m \cdot s^{-1}})$	$MAPE$
Member-1	2.766	11.313	3.363	1.265
Member-2	2.742	10.733	3.276	1.267
Member-3	1.730	4.629	2.152	0.782
Member-4	1.673	4.256	2.063	0.751
NSGA-Ⅲ ensemble	0.730	0.837	0.915	0.348

3.4.2 非线性集成方法实例

（1）MLP 集成方法实例

采用 sklearn. neural_network. MLPRegressor 实现 MLP 集成方法。需要注意的是，在训练 MLP 之前，需要采用 sklearn. preprocessing. MinMaxScaler 对输入输出进行归一化处理，并且在预测结束后进行反归一化处理。

```
1. # 归一化
2. preprocess_input = MinMaxScaler()
3. data_train_input = preprocess_input.fit_transform(
4.     data_train_input)
5. data_test_input = preprocess_input.transform(data_test_input)
6.
7. preprocess_output = MinMaxScaler()
8. data_train_output = preprocess_output.fit_transform(
9. data_train_output)
10.
11. # 预测与反归一化
12. y_pred = preprocess_output.inverse_transform(
13.     regr.predict(data_test_input).reshape(- 1, 1))
```

MLP 模型训练过程中误差下降曲线如图 3-10 所示。MLP 模型的集成预测结果曲线与概率直方图如图 3-11 所示，预测精度如表 3-5 所示。可以看出，在训练过程中 MLP 损失函数持续下降，且 MLP 集成方法能够有效提升 WRF 子模型的预测精度。同时 MLP 集成方法的预测精度优于上述 3 种线性集成方法。这证明了 WRF 子模型之间的耦合关系是非线性的，MLP 模型能够更好地拟合非线性关系，进而输出更优的结果。

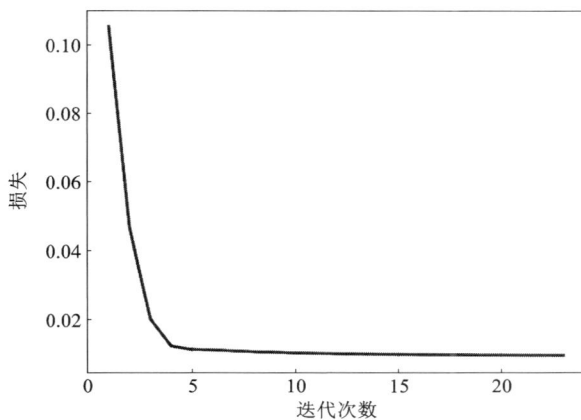

图 3-10　MLP 训练误差下降曲线

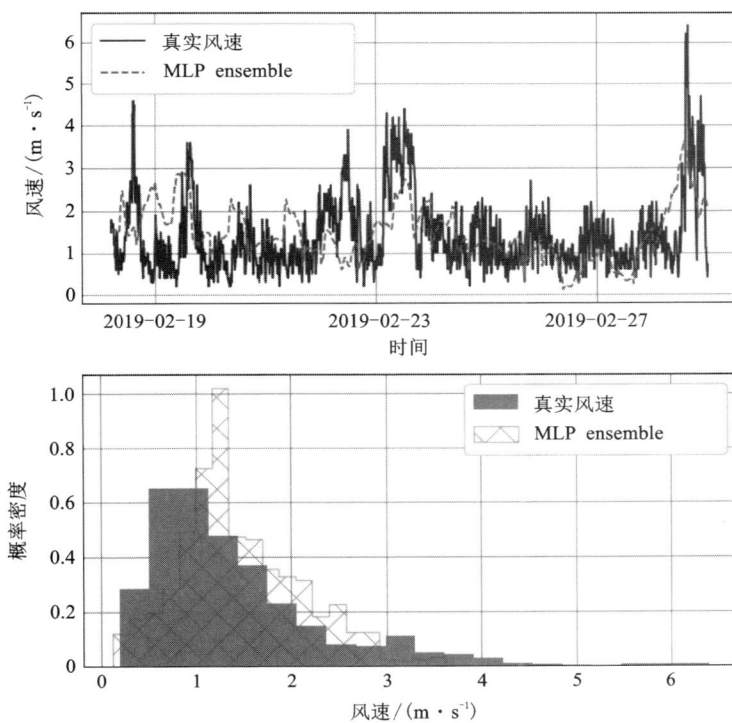

图 3-11　基于 MLP 的 WRF 集成预测结果

表 3-5　MLP 集成模型的风速预测精度对比

模型	$MAE/(\mathrm{m \cdot s^{-1}})$	$MSE/(\mathrm{m^{-2} \cdot s^{-2}})$	$RMSE/(\mathrm{m \cdot s^{-1}})$	$MAPE$
Member-1	2.766	11.313	3.363	1.265
Member-2	2.742	10.733	3.276	1.267
Member-3	1.730	4.629	2.152	0.782
Member-4	1.673	4.256	2.063	0.751
MLP ensemble	0.688	0.763	0.873	0.321

（2）SVR 集成方法实例

采用 sklearn. svm. SVR 实现 SVR 集成方法。与 MLP 集成方法类似，SVR 模型在训练前同样需要归一化处理。此外由于 SVR 模型对参数敏感，需要进行参数寻优。在本节中，需要使用 sklearn. model_selection. GridSearchCV 函数进行网格寻优处理。正则化参数 C 的取值范围为[0.1，1，10，100]，核参数 Gamma 的取值范围为[1，0.1，0.01，0.001]，核函数的取值范围为 RBF 或 Sigmoid，代码如下所示。

```
1. param_grid = {'C': [0.1, 1, 10, 100],
2.                'gamma': [1, 0.1, 0.01, 0.001],
3.                'kernel': ['rbf', 'sigmoid']}
4.
5. # 选择超参数
6. grid = GridSearchCV(SVR(), param_grid, refit=True,
7.                 verbose=2)
8. grid.fit(data_train_input, data_train_output)
```

SVR 模型的集成预测结果曲线与概率直方图如图 3-12 所示，预测精度如表 3-6 所示。SVR 集成方法能够有效提升 WRF 子模型的预测精度，且预测精度优于线性集成方法。这证明了超参选择后的 SVR 模型的有效性。

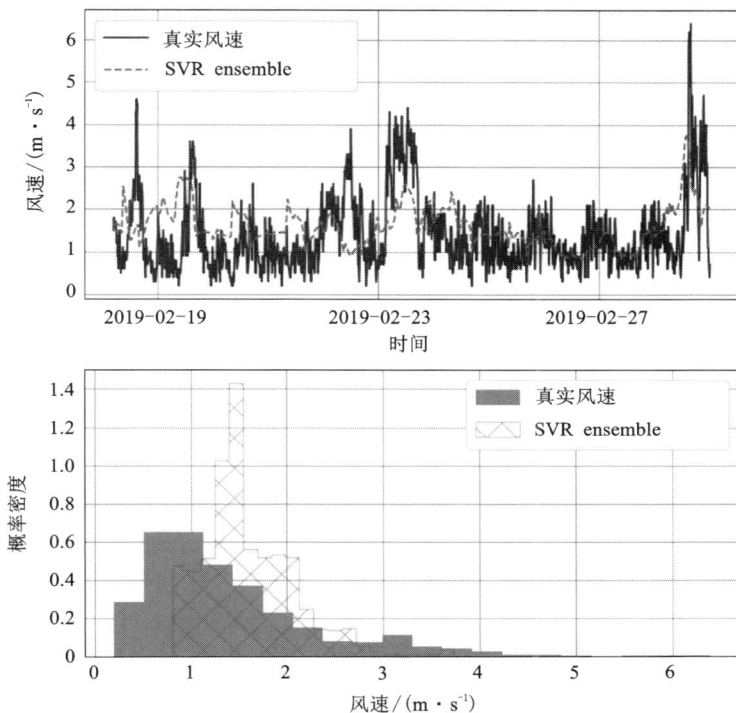

图 3-12　基于 SVR 的 WRF 集成预测结果

表 3-6　SVR 集成模型的风速预测精度对比

模型	$MAE/(\mathrm{m \cdot s^{-1}})$	$MSE/(\mathrm{m^{-2} \cdot s^{-2}})$	$RMSE/(\mathrm{m \cdot s^{-1}})$	$MAPE$
Member-1	2.766	11.313	3.363	1.265
Member-2	2.742	10.733	3.276	1.267
Member-3	1.730	4.629	2.152	0.782
Member-4	1.673	4.256	2.063	0.751
SVR ensemble	0.699	0.778	0.882	0.306

（3）xgboost 集成方法实例

采用 xgboost. XGBRegressor 实现 xgboost 集成方法。与 SVR 集成方法类似，xgboost 模型在训练前同样需要归一化处理与超参选择。梯度下降树数量的取值为 10~1000 的 9 个均匀取值整数，学习率的取值为 0.001~0.5 的 9 个均匀取值，代码如下所示。

```
1. param_grid = {'n_estimators': np.linspace(10, 1000, 9, dtype=int),
2.                'eta': np.linspace(0.001, 0.5, 9)}
3.
4. # 选择超参数
5. grid = GridSearchCV(xgb.XGBRegressor(), param_grid,
6.                refit=True, verbose=2)
7. grid.fit(data_train_input, data_train_output[:, 0])
```

xgboost 模型的集成预测结果曲线与概率直方图如图 3-13 所示，预测精度如表 3-7 所示。能够看出，xgboost 集成方法能够有效提升 WRF 子模型的预测精度。

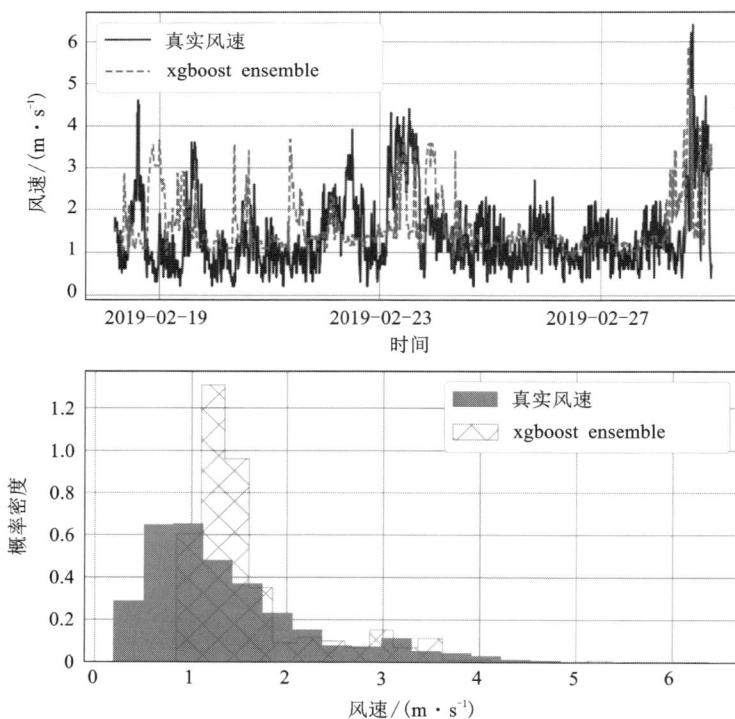

图 3-13 基于 xgboost 的 WRF 集成预测结果

表 3-7　xgboost 集成模型的风速预测精度对比

模型	$MAE/(\mathrm{m \cdot s^{-1}})$	$MSE/(\mathrm{m^{-2} \cdot s^{-2}})$	$RMSE/(\mathrm{m \cdot s^{-1}})$	$MAPE$
Member-1	2.766	11.313	3.363	1.265
Member-2	2.742	10.733	3.276	1.267
Member-3	1.730	4.629	2.152	0.782
Member-4	1.673	4.256	2.063	0.751
xgboost ensemble	0.742	1.039	1.020	0.481

第 4 章

气象预测统计降尺度

4.1 引言

WRF 仿真的网格是离散的，目标站点无法直接位于节点处。若直接采用距离目标站点最近的 WRF 节点输出，则会导致固有的系统误差[65]。由于风速存在的空间相关性，因此可以采用周边 WRF 节点的风速预测推断目标节点风速。该计算能够实现中尺度风场到小尺度节点的风速映射，因此被称为降尺度研究，示意图如图 4-1 所示。降尺度计算能够修正 WRF 对目标节点的风速预测系统误差，进而提升预测精度。本章采用图 2-10 所示的预测时间安排。绘制网格节点预测结果如图 4-2 所示，预测精度如表 4-1 所示，可以看出各网格的预测结果有一定差异。

表 4-1　不同 WRF 节点的风速预测精度

模型	$MAE/(\mathrm{m \cdot s^{-1}})$	$MSE/(\mathrm{m^{-2} \cdot s^{-2}})$	$RMSE/(\mathrm{m \cdot s^{-1}})$	$MAPE$
Grid-1	1.523	3.362	1.834	0.678
Grid-2	2.135	6.587	2.567	0.969
Grid-3	1.958	5.553	2.357	0.876
Grid-4	2.570	9.577	3.095	1.173

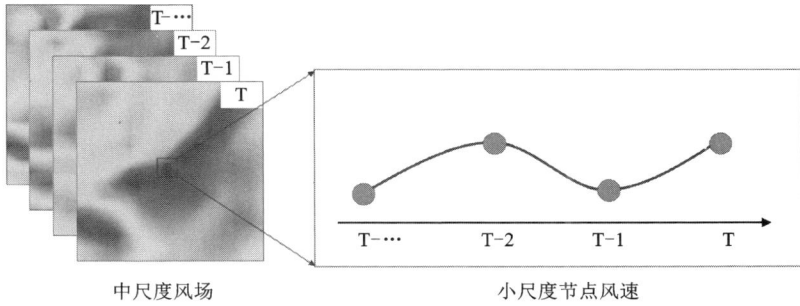

图 4-1　降尺度计算示意图

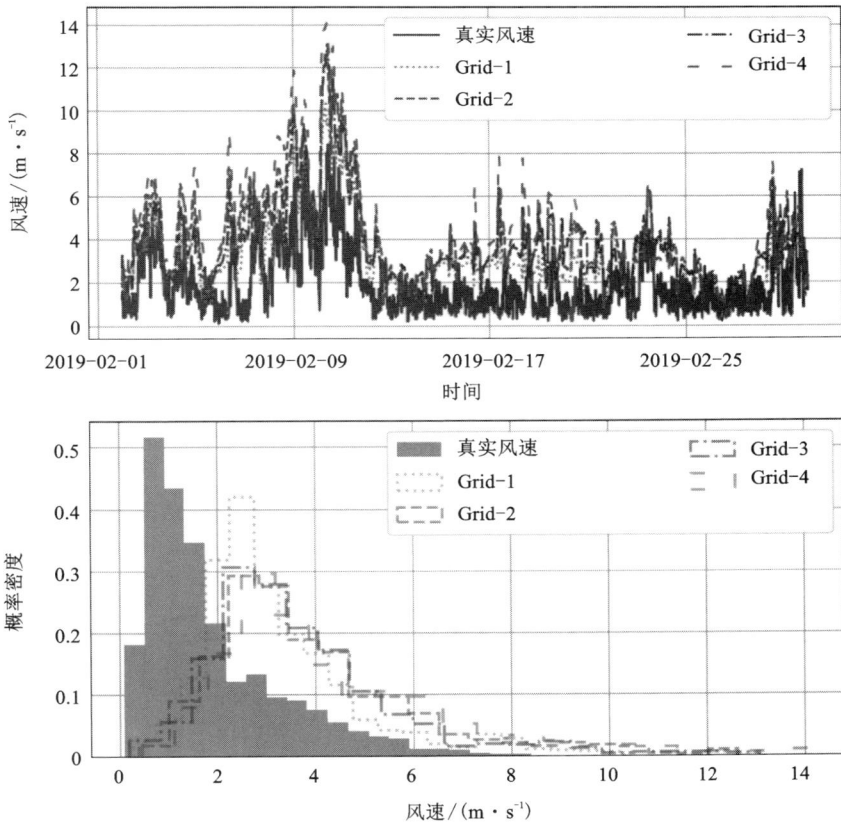

图 4-2　WRF 节点预测结果

4.2 递归深度学习降尺度

4.2.1 长短期记忆网络

长短期记忆(long short term memory，LSTM)网络是一种特殊的循环神经网络(recurrent neural network，RNN)，它是为了解决简单 RNN 所存在的长期依赖问题而设计的。为此，LSTM 网络在简单 RNN 的基础上引入了遗忘门、输入门、输出门及细胞状态来保存并调整信息，可以通过多次迭代学习到关键信息并长期保存[66]。LSTM 的网络结构如图 4-3 所示，各个变量的计算公式如下所示[66]：

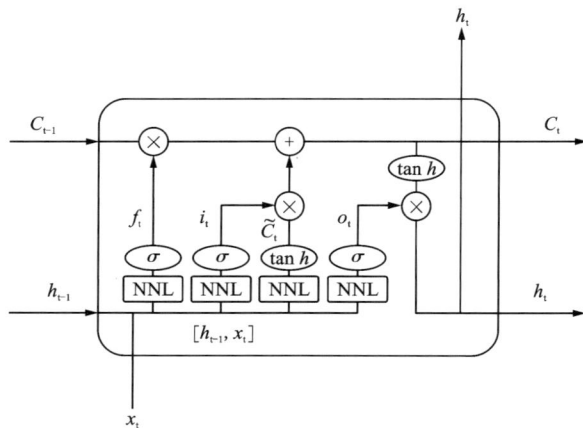

图 4-3 LSTM 的单个模块

$$f_t = \sigma(W_f \cdot [h_{t-1}, x_t] + b_f) \qquad (4-1)$$

$$i_t = \sigma(W_i \cdot [h_{t-1}, x_t] + b_i) \qquad (4-2)$$

$$\tilde{C}_t = \tan h(W_C \cdot [h_{t-1}, x_t] + b_C) \qquad (4-3)$$

$$o_t = \sigma(W_o \cdot [h_{t-1}, x_t] + b_o) \qquad (4-4)$$

$$C_t = f_t \circ C_{t-1} + i_t \circ \tilde{C}_t \qquad (4-5)$$

$$h_t = o_t \circ \tan h(C_t) \qquad (4-6)$$

式中：W_f、W_i、W_C、W_o、b_f、b_i、b_C、b_o 分别是四个神经网络层的权重和偏置；"∘"为 Hadamard 积。式中的 $f_t \circ C_{t-1}$ 代表细胞状态的遗忘，$i_t \circ \tilde{C}_t$ 代表对细胞状态的输入。

本节使用 Pytorch 构建神经网络。在构建 Pytorch 神经网络类时需要重新定义 __init__ 及 forward 函数。__init__ 函数能够实现对神经网络基本结构的初始化，forward 函数能够实现函数的前向计算。LSTM 类的定义代码如下所示。

```
1.  class LSTM(nn.Module):
2.      def __init__(self, input_size=9, hidden_size=64, num_layers=2,
3.                      bias=False, batch_first=True):
4.          """
5.          初始化函数
6.          : param input_size：输入特征数
7.          : param hidden_size：隐含特征数
8.          : param num_layers：LSTM 单元层数
9.          : param bias：是否使用 bias
10.         : param batch_first：是否将 batch 放在第一个维度
11.         """
12.         super(LSTM, self).__init__()
13.         self.lstm = nn.LSTM(input_size=input_size, hidden_size=hidden_size,
14.                         num_layers=num_layers, bias=bias, batch_first=batch_first)
15.         self.fully_connect = nn.Linear(hidden_size, 1)
16.
17.     def forward(self, x):
18.         """
19.         前向计算函数
20.         : param x：输入数据
21.         : return：LSTM 模型计算结果
22.         """
23.         y, _ = self.lstm(x)
24.         y = y[ :, -1, : ]
25.         b, h = y.shape
26.         result = self.fully_connect(y)
27.         result = result.view(b, -1)
28.
29.         return result
```

其中 torch. nn. LSTM 函数定义了模型的基本结构, torch. nn. Linear 函数定义了 LSTM 层特征到最终输出的映射关系。

4.2.2 门控循环单元网络

门控循环单元(gated recurrent units, GRU)网络存在许多种变体, 其中 GRU 是较为特殊的一种。如图 4-4 所示, 它将遗忘门和输入门合并, 组成了更新门。此外, GRU 舍弃了输出门和细胞状态, 增设了重置门, 并进行了一些调整。GRU 的单个模块中各个变量的计算公式如下所示[67]。

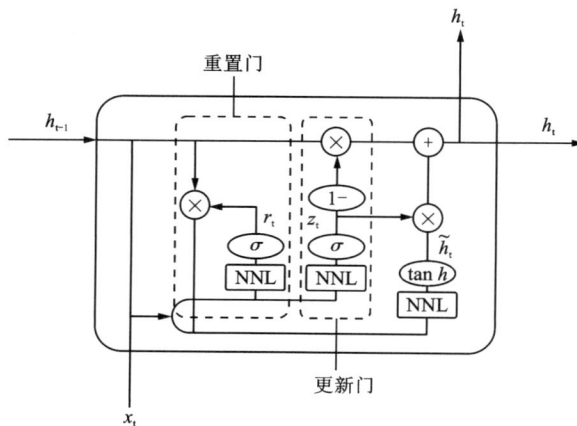

图 4-4　GRU 的单个模块

$$z_t = \sigma (W_z \cdot [h_{t-1}, x_t]) \tag{4-7}$$

$$r_t = \sigma (W_r \cdot [h_{t-1}, x_t]) \tag{4-8}$$

$$\tilde{h}_t = \tan h (W \cdot [r_t \circ h_{t-1}, x_t]) \tag{4-9}$$

$$h_t = (1 - z_t) \circ h_{t-1} + z_t \circ \tilde{h}_t \tag{4-10}$$

式中: W_z、W_r、W 分别为三个神经网络层的权重; "∘"为 Hadamard 积。

GRU 类的定义代码如下所示。其中 torch. nn. GRU 函数定义了模型的基本结构, torch. nn. Linear 函数定义了 LSTM 层特征到最终输出的映射关系。

```
1.  class GRU(nn.Module)：
2.      def __init__(self, input_size=9, hidden_size=64, num_layers=2,
3.                      bias=False, batch_first=True)：
4.          """
5.          初始化函数
6.          : param input_size：输入特征数
7.          : param hidden_size：隐含特征数
8.          : param num_layers：GRU 单元层数
9.          : param bias：是否使用 bias
10.         : param batch_first：是否将 batch 放在第一个维度
11.         """
12.         super(GRU, self).__init__()
13.         self.gru = nn.GRU(input_size=input_size, hidden_size=hidden_size,
14.                     num_layers=num_layers, bias=bias, batch_first=batch_first)
15.         self.fully_connect = nn.Linear(hidden_size, 1)
16.
17.     def forward(self, x)：
18.         """
19.         前向计算函数
20.         : param x：输入数据
21.         : return：GRU 模型计算结果
22.         """
23.         y, _ = self.gru(x)
24.         y = y[:, -1, :]
25.         b, h = y.shape
26.         result = self.fully_connect(y)
27.         result = result.view(b, -1)
28.
29.         return result
```

4.2.3 卷积长短期记忆网络

卷积长短期记忆神经(convolutional long short term memory, CLSTM)网络在 LSTM 网络的基础上，在 LSTM 网络之前加上了卷积层。该卷积层能够提取时序的局部依赖信息，进而将处理后的信息输入 LSTM 网路，获取模型的预测结果[68]。卷积层的计算原理如下所示[69]：

$$s(t) = \int x(\tau) w(t - \tau) \mathrm{d}\tau \qquad (4-11)$$

式中：x 为卷积输入；w 为卷积权重。上式的二维离散形式可以写为[69]：

$$S(i, j) = \sum_m \sum_n I(m, n) K(i - m, j - n) \qquad (4-12)$$

式中：$I(m, n)$ 为已知的卷积输入参数，$K(i-m, j-n)$ 是待训练的卷积权重参数。在本研究中，由于仅提取了 4 个相邻站点的空间预测输出，空间尺度不足以采用二维卷积进行计算。因此本研究采用一维卷积开展研究，将 4 个相邻站点的风速输出作为 4 个通道，使用一维卷积描述时域的局部关联特性。经过卷积网络处理后的特征，进一步输入到 LSTM 模型中，获取 CLSTM 的预测结果。CLSTM 的代码如下所示。其中使用 torch. nn. Sequential 函数完成 torch. nn. Conv1d 与 torch. nn. ReLU 的串联，将 CNN 模型的输出经过 ReLU 激活，便于后续模型训练。第 33 与 34 行，实现了将 CNN 模型的输出作为 LSTM 模型的输入，实现混合建模。

```
1.  class CLSTM(nn.Module):
2.      def __init__(self, in_channels=9, out_channels=16, kernel_size=12,
3.                   stride=7, padding=0, bias=False,
4.                   hidden_size=64, num_layers=2, batch_first=True):
5.          """
6.          初始化函数
7.          : param in_channels：输入通道数
8.          : param out_channels：输出通道数
9.          : param kernel_size：核尺寸
10.         : param stride：步幅
11.         : param padding：填充
12.         : param bias：是否使用 bias
```

```
13.          : param hidden_size：隐含特征数
14.          : param num_layers：LSTM 单元层数
15.          : param batch_first：是否将 batch 放在第一个维度
16.          """
17.          super(CLSTM，self).__init__()
18.          self.cnn = nn.Sequential(
19.              nn.Conv1d(in_channels, out_channels, kernel_size=kernel_size,
20.                      stride=stride, padding=padding, bias=bias),
21.              nn.ReLU(inplace=True),
22.          )
23.          self.lstm = nn.LSTM(input_size=out_channels, hidden_size=hidden_size,
24.                      num_layers=num_layers, bias=bias, batch_first=batch_first)
25.          self.fully_connect = nn.Linear(hidden_size, 1)
26.
27.      def forward(self, x)：
28.          """
29.          前向计算函数
30.          : param x：输入数据
31.          : return：CLSTM 模型计算结果
32.          """
33.          x = self.cnn(x.transpose(1, 2))
34.          y, _ = self.lstm(x.transpose(1, 2))
35.          y = y[ :, -1, : ]
36.          b, h = y.shape
37.          result = self.fully_connect(y)
38.          result = result.view(b, -1)
39.
40.          return result
```

4.3 Transformer 降尺度

Transformer 模型将注意力机制(Attention 机制)作为编码器和解码器的核心,在减少计算量并增加并行效率的同时,能够提高准确率[70]。Transformer 的整体架构如图 4-5 所示,主要由编码器组件和解码器组件两部分组成。

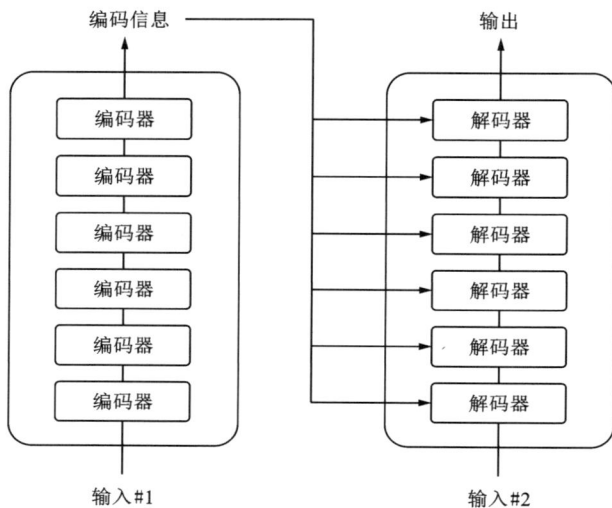

图 4-5 Transformer 的整体架构

4.3.1 Attention 机制

Attention 机制是 Transformer 模型的关键,其采用的 Attention 机制是由多个 self-attention 所构成的 multi-head attention。单个 Self-Attention 输出的计算公式如下[70]:

$$\boldsymbol{Q} = \boldsymbol{X} \cdot \boldsymbol{W}^Q \tag{4-13}$$

$$\boldsymbol{K} = \boldsymbol{X} \cdot \boldsymbol{W}^K \tag{4-14}$$

$$\boldsymbol{V} = \boldsymbol{X} \cdot \boldsymbol{W}^V \tag{4-15}$$

$$\boldsymbol{Z} = \mathrm{softmax}\left(\frac{\boldsymbol{Q}\boldsymbol{K}^{\mathrm{T}}}{\sqrt{d_k}}\right)\boldsymbol{V} \tag{4-16}$$

式中: $\boldsymbol{X}$ 为输入矩阵; $\boldsymbol{W}^Q$、$\boldsymbol{W}^K$、$\boldsymbol{W}^V$ 为训练所得的权重矩阵; $\boldsymbol{Q}$、$\boldsymbol{K}$、$\boldsymbol{V}$ 分别为查

询矩阵、键矩阵、值矩阵；d_k 为关键向量维度；$\boldsymbol{Z}$ 为输出矩阵。

得到该 multi-head attention 下属的所有 self-attention 输出矩阵后，将它们拼接起来，然后输入一个全连接层，从而得到 multi-head attention 的输出矩阵。multi-head attention 的输出与 self-attention 的输入为同型矩阵。

4.3.2　编码器

编码器（encoder）内部结构如图 4-6 所示，每个编码器内存在两个子层，分别由 multi-head attention、add&norm 和 feed forward、add&norm 组成，add&norm 子层的输出如下所示[70]：

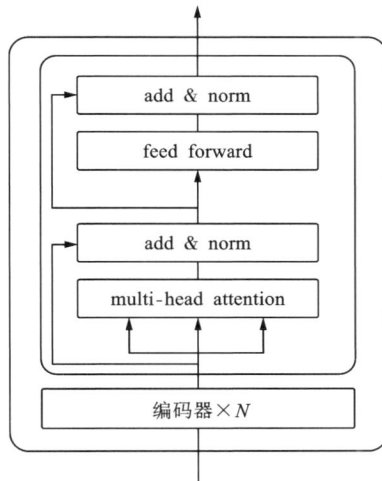

图 4-6　编码器内部结构

$$Y = \text{norm}(\boldsymbol{X} + \boldsymbol{F}(X)) \tag{4-17}$$

式中：$\boldsymbol{X}$ 为 multi-head attention 或 feed forward 的输入矩阵；$\boldsymbol{F}(X)$ 为 multi-head attention 或 feed forward 的输出矩阵；norm 表示通过 layer normalization 对矩阵进行标准化。

4.3.3　解码器

解码器（decoder）内部结构如图 4-7 所示，每个解码器内存在三个子层，分别由 masked multi-head attention、add&norm，multi-head attention、add&norm，feed forward、add&norm 组成。masked 操作的作用是掩盖 $t+1$ 及其之后时刻的信息，避

免信息泄露。解码器中第二个子层相较于编码器中第一个子层变化不大，主要区别在于其中的 K、V 矩阵是使用编码信息矩阵进行计算得到的。

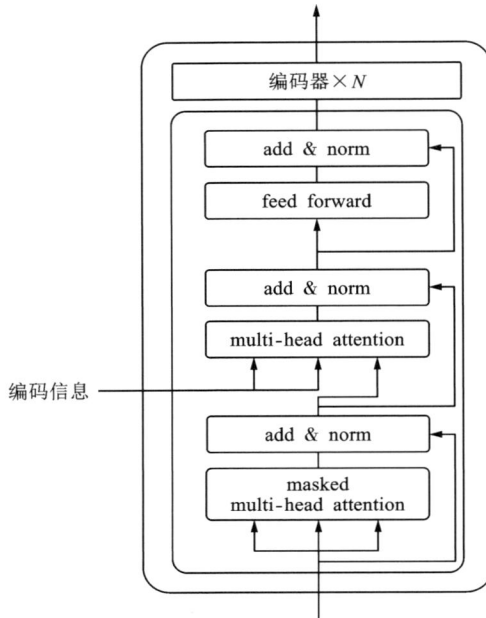

图 4-7 解码器内部结构

Transformer 的代码如下所示。torch. nn. Transformer 被用于实现算法的主体建模。第 32 行中使用 PositionalEncoding 函数完成序列编码，为 Attention 机制提供序列信息。第 59 行中使用 generate_square_subsequent_mask 函数形成 Transformer 模型的解码器掩码，用于掩盖解码器输入，避免预测过程中的数据泄露。该函数可以在 Pytorch 官网源码中查找。

```
1. class WRFTransformer(nn.Module)：
2.     def __init__(self, input_size, d_model=512,
3.             n_encoder_layers=4, n_decoder_layers=4,
4.             n_heads=8, dropout=0.2,
5.             dim_feedforward=2048)：
6.         """
```

```
7.      初始化函数
8.      : param input_size：输入特征维度
9.      : param d_model：模型特征维度
10.     : param n_encoder_layers：编码器层数
11.     : param n_decoder_layers：解码器层数
12.     : param n_heads：多头 Attention 数量
13.     : param dropout：dropout 比例
14.     : param dim_feedforward：前馈神经元数量
15.     """
16.
17.     super().__init__()
18.
19.     # 编码器输入处理模块
20.     self.encoder_fc = nn.Linear(
21.         in_features=input_size,
22.         out_features=d_model
23.     )
24.
25.     # 解码器输入处理模块
26.     self.decoder_fc = nn.Linear(
27.         in_features=input_size,
28.         out_features=d_model
29.     )
30.
31.     # 构建位置编码
32.     self.pe = PositionalEncoding(
33.         d_model=d_model)
34.
35.     # 构建 Transformer
```

```
36.          self.Transformer = nn.Transformer(
37.              d_model=d_model, nhead=n_heads, num_encoder_layers=n_encoder_layers,
38.              num_decoder_layers=n_decoder_layers, dim_feedforward=dim_feedforward,
39.              dropout=dropout)
40.
41.      def forward(self, src, tgt):
42.          """
43.          前向计算函数
44.          : param src：编码器输入
45.          : param tgt：解码器输入
46.          : return：Transformer 计算结果
47.          """
48.
49.          # 处理编码器输入
50.          src = self.encoder_fc(src)
51.          src = self.pe(src)
52.
53.          # 处理解码器输入
54.          tgt = self.decoder_fc(tgt)
55.          tgt = self.pe(tgt)
56.
57.          output = self.Transformer(src=src, tgt=tgt,
58.                              tgt_mask=self.Transformer.
59.                              generate_square_subsequent_mask(tgt.shape[0]).cuda())
60.
61.      return output
```

4.4　WRF 统计降尺度实例

4.4.1　递归深度学习降尺度方法实例

Pytorch 中神经网络模型训练需要先使用 torch. utils. data. DataLoader 构成 dataloader。注意，需要将验证集及测试集 dataloader 的 batch_size 设置为与数据集长度一致，且将 shuffle 设置为 False。这样可以一次性将所有验证及测试数据提取出来，便于模型训练及预测。

使用上述 LSTM、GRU、CLSTM 类进行降尺度计算，得到如图 4-8 所示的 LSTM、GRU 与 CLSTM 模型误差下降曲线。图 4-9 绘制了模型的预测结果。表 4-2 提供了模型的预测性能。可以看出，预测结果能够提升单独 WRF 节点的预测性能，证明了递归深度学习的有效性。对比三种降尺度模型，能够看出 CLSTM 具有比 LSTM 及 GRU 更优的预测性能。这证明了卷积模块能够有效地提升降尺度性能。

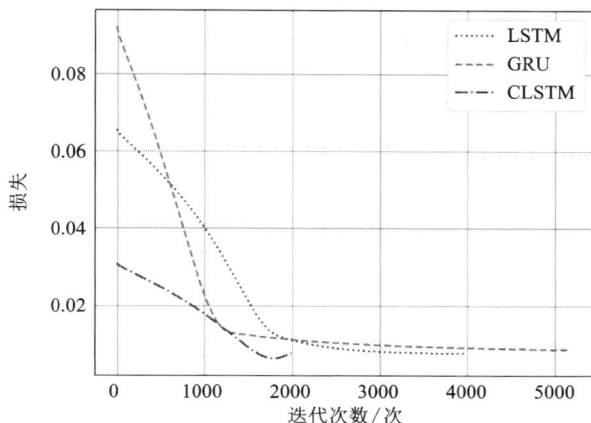

图 4-8　递归深度学习训练误差下降曲线

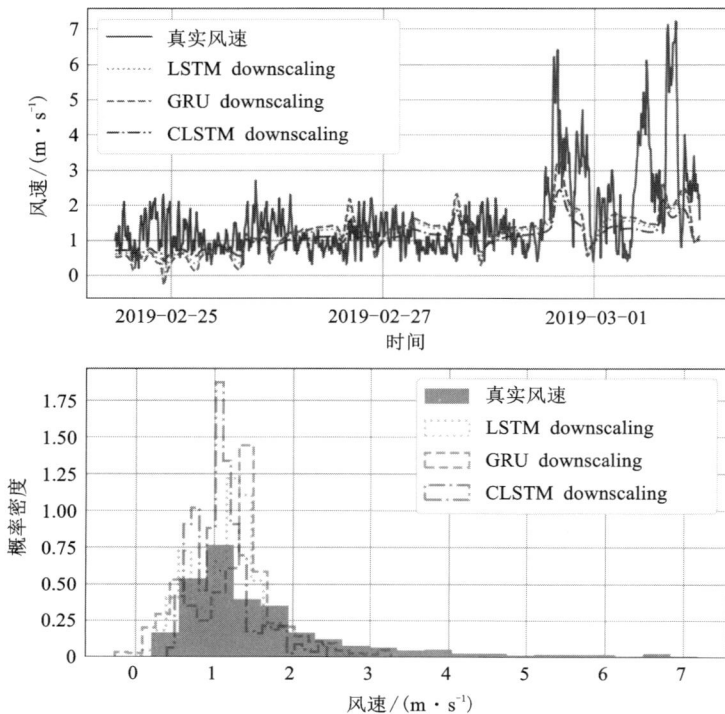

图 4-9　基于递归深度学习的 WRF 降尺度预测结果

表 4-2　递归深度学习模型降尺度的风速预测精度对比

模型	$MAE/(\text{m} \cdot \text{s}^{-1})$	$MSE/(\text{m}^{-2} \cdot \text{s}^{-2})$	$RMSE/(\text{m} \cdot \text{s}^{-1})$	$MAPE$
Grid-1	1.523	3.362	1.834	0.678
Grid-2	2.135	6.587	2.567	0.969
Grid-3	1.958	5.553	2.357	0.876
Grid-4	2.570	9.577	3.095	1.173
LSTM downscaling	0.756	1.256	1.121	0.384
GRU downscaling	0.789	1.278	1.131	0.397
CLSTM downscaling	0.746	1.355	1.164	0.397

4.4.2　Transformer 降尺度方法实例

Transformer 模型的预测精度如表 4-3 所示。能够看出 Transformer 降尺度模型能够 WRF 预测精度，验证了 Transformer 模型的有效性。且相比于 LSTM、GRU 及 CLSTM 的预测结果，Transformer 模型能够获得更高的精度。Transformer 模型在训练过程中的验证集误差下降曲线如图 4-10 所示，预测结果如图 4-11 所示。

表 4-3　Transformer 模型降尺度的风速预测精度对比

模型	$MAE/(\mathrm{m \cdot s^{-1}})$	$MSE/(\mathrm{m^{-2} \cdot s^{-2}})$	$RMSE/(\mathrm{m \cdot s^{-1}})$	$MAPE$
Grid-1	1.523	3.362	1.834	0.678
Grid-2	2.135	6.587	2.567	0.969
Grid-3	1.958	5.553	2.357	0.876
Grid-4	2.570	9.577	3.095	1.173
Transformer downscaling	0.719	1.374	1.172	0.361

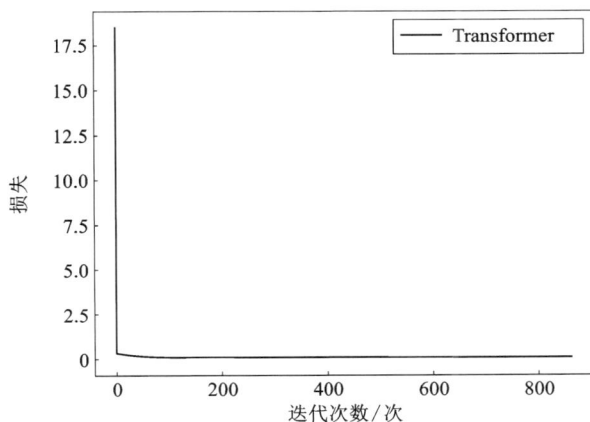

图 4-10　Transformer 训练误差下降曲线

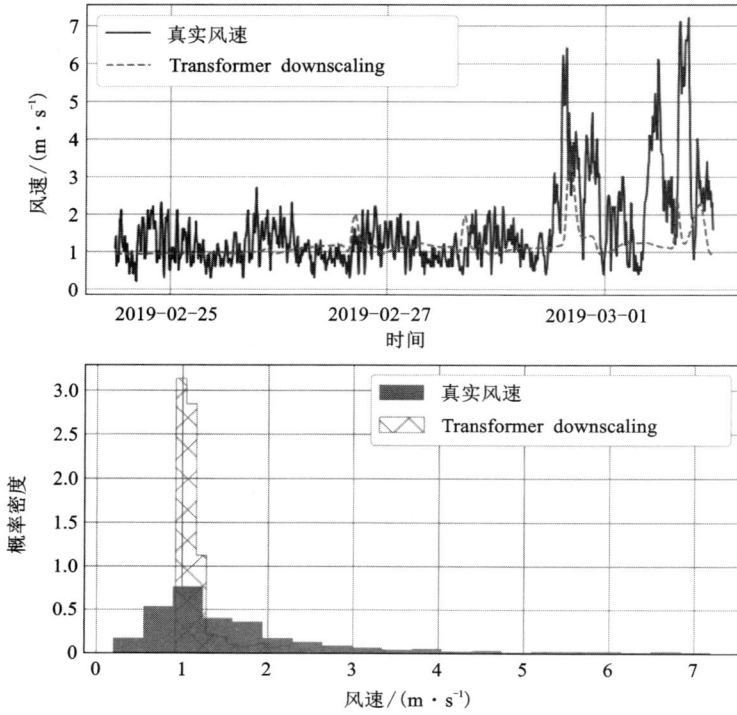

图 4-11 基于 Transformer 的 WRF 降尺度预测结果

第 5 章

气象预测不确定性描述

5.1 引言

气象时序包含固有的不确定性成分。为了增加预测模型的信息量，需要在确定性预测的基础上开展不确定性建模。假设实际风速为 x，n 个 WRF 模型输出为 $\{\hat{x}_i\}_{i=1}^{n}$，本章采用两种策略开展不确定性研究。

第一种不确定性评估方法根据第 3 章的方法对子模型 $\{\hat{x}_i\}_{i=1}^{n}$ 进行集成建模，获取集成预测结果 $\hat{x}_E$；计算集成模型的预测残差 $x-\hat{x}_E$，进而评估残差的不确定性 $P(x-\hat{x}_E)$，获取不确定性预测结果 $P(x-\hat{x}_E)+\hat{x}_E$。常见的方法包括参数化分布、核密度估计、狄利克雷过程混合模型等。

第二种不确定性评估方法以子模型预测结果 $\{\hat{x}_i\}_{i=1}^{n}$ 作为多变量输入，输出实际风速的概率分布 $P(x\,|\,\{\hat{x}_i\}_{i=1}^{n})$。与第一种方法不同，该方法的目标是描述条件概率分布，可以认为是概率性的集成模型。常见方法为高斯过程回归等。

本章的第一种不确定性评估方法使用的集成预测结果通过第 3.2.1 最小二乘法得到，第二种不确定性评估方法使用的子模型预测结果与 3.1 节一致。

5.2 不确定性预测精度评估方法

不确定性预测精度评估与确定性预测精度评估不同，其重点在于概率分布的密度函数而不是单一的数值。Brier 分数、连续分级概率评分（continuous ranked probability score，CRPS）常用于不确定性预测精度评估。

5.2.1　Brier 分数

Brier 分数用于二分类的情况，如是否降雨、是否降雪等。Brier 分数的计算方法如下所示[71]：

$$\text{Brier}(\hat{x}, x) = \frac{1}{N}\sum_{i=1}^{N}(\hat{x}_i - x_i) \tag{5-1}$$

式中：$\hat{x}$ 为预测的事件发生概率；x_i 为真实的事件发生概率（发生为 1，不发生为 0）；N 为预测值的数量。上式可以看出，Brier 分数实际上是预测概率与实际概率的 MSE 误差。当预测概率与实际概率一致时，Brier 分数取得最优，即等于 0。Python 中 Brier 分数的计算代码如下所示：

```
def xskillscore.brier_score(observations, forecasts, member_dim='member', fair=False, dim=None, weights=None, keep_attrs=False)
```

- observations：事件的观测结果。
- forecasts：事件发生的预测概率。
- member_dim：xarray 中默认的集成预测维度。
- fair：是否调整以获得无偏估计。
- dim：计算 Brier 分数平均值的维度。
- weights：计算 Brier 分数平均值的权重。
- keep_attrs：输出是否包含输入的属性。

5.2.2　CRPS

CRPS 本质上来说是计算预测累计密度函数 F 与实际数值 x 的阶跃概率密度函数之间的 MSE 误差，可应用于连续变量预测。其方程如下所示[72]：

$$\text{CRPS}(F, x) = \int_{-\infty}^{x} F^2(y)\mathrm{d}y + \int_{x}^{\infty}(1 - F(y))^2\mathrm{d}y \tag{5-2}$$

从式(5-2)易知，CRPS 越小越好。当累计概率密度函数聚焦于实际数值时，CRPS 取最小值，也就是 0。Python 中 CRPS 的计算代码包含多种，如 xskillscore.crps_quadrature 适用于任意概率密度函数，xskillscore.crps_ensemble 适用于集成预测的阶跃概率密度函数，xskillscore.crps_gaussian 适用于高斯分布。这里介绍应用最广泛的 xskillscore.crps_quadrature 函数：

```
def xskillscore.crps_quadrature(observations, cdf_or_dist, xmin=None, xmax=None, tol=1e-06, dim=None, weights=None, keep_attrs=False)
```

- observations：事件的观测结果。
- cdf_or_dist：预测得到的累积概率密度函数或分布。
- xmin：CRPS 积分的下限。
- xmax：CRPS 积分的上限。
- tol：CRPS 积分精度。
- dim：计算 Brier 分数平均值的维度。
- weights：计算 Brier 分数平均值的权重。
- keep_attrs：输出是否包含输入的属性。

5.3　参数化不确定性描述

　　Gaussian 分布、Weibull 分布、Rayleigh 分布、Gamma 分布与 Burr 分布是常用于气象领域的不确定性描述模型。各分布的主要参数如表 5-1 所示[73]。表 5-1 中 Weibull 分布、Gamma 分布与 Burr 分布(本节选用 Burr12)概率密度函数只展示了分布的形状参数。这 3 种分布概率密度函数的定义域均不包含负数。在实际使用中，为了扩大定义域，提高分布适用性，需要引入 loc、scale 参数调整参数位置、尺度。Gaussian 分布的 μ 与 σ^2 参数自身既是形状参数也是 loc、scale 参数，且定义域覆盖负数，因此无须调整。

表 5-1　常用分布的概率密度函数、均值、方差与可调整参数

分布名称	概率密度函数 $P(x)$	均值 μ	方差 σ^2	可调整参数
Gaussian 分布	$\dfrac{1}{\sigma\sqrt{2\pi}}\exp\left(-\dfrac{(x-\mu)^2}{2\sigma^2}\right)$	μ	σ^2	μ,σ
Weibull 分布	$\dfrac{a}{c}\left(\dfrac{x}{c}\right)^{a-1}\exp\left[-\left(\dfrac{x}{c}\right)^a\right]$	$c\Gamma(1+1/a)$	$c^2\Gamma(1+2/a)-\mu^2$	a,c
Gamma 分布	$\dfrac{x^{a-1}}{\Gamma(a)}\exp(-x)$	a	a	a
Burr 分布	$\dfrac{cd(x)^{c-1}}{(1+x^c)^{d+1}}$	$k\displaystyle\int_0^1 t^{d-1/c-1}(1-t)^{1+1/c-1}\mathrm{d}t$	$d\displaystyle\int_0^1 t^{d-2/c-1}(1-t)^{1+2/c-1}\mathrm{d}t-\mu^2$	c,d

上述分布对应的类如下所示：

```
class scipy.stats.norm

class scipy.stats.exponweib

class scipy.stats.gamma

class scipy.stats.burr12
```

5.4 非参数不确定性描述

5.4.1 核密度估计

核密度估计（kernel density estimation，KDE）能够根据数据分布估计概率分布，是一种数据驱动的非参数化方法。假设随机变量有 N 个采样点 X_1，X_2，…，则其核密度估计的概率密度函数如下所示[74]：

$$\hat{f}_h(x) = \frac{1}{N \times h} \sum_{i=1}^{N} K\left(\frac{x - X_i}{h}\right) \tag{5-3}$$

式中：h 为带宽；$K(\ )$ 为核函数。

在核密度估计中，带宽的选择直接关系到最终结果的可靠性。如果带宽过大，可能导致结果过于平滑，失去细节信息；反之则导致结果逼近概率直方图。带宽的选择方法主要有两种，即交叉验证与经验法则。

（1）交叉验证。

核密度估计的性能可以通过平均积分平方误差（mean intergrated squared error，MISE）进行评估，其计算公式如下[75]：

$$\text{MISE}(h) = E\left[\int(\hat{f}_h(x) - f(x))^2 \mathrm{d}x\right] \tag{5-4}$$

式中：$\hat{f}_h(x)$ 为核密度估计结果；$f(x)$ 为真实的数据分布。

由于真实的数据分布无法获得，因此需要在训练数据集上开展蒙特卡洛评估。式（5-4）可以分解为下式[76]：

$$\text{MISE}(h) = E\left[\int\hat{f}_h(x)^2 \mathrm{d}x\right] - 2E\left[\int\hat{f}_h(x)f(x)\mathrm{d}x\right] + \int f(x)^2 \mathrm{d}x \tag{5-5}$$

式中：$\int f(x)^2 \mathrm{d}x$ 与带宽 h 无关，因此可以省略；$2E\left[\int\hat{f}_h(x)f(x)\mathrm{d}x\right]$ 的数值可以使用蒙特卡洛方法估计，计算公式如下所示[77]：

$$\int \hat{f}_{\text{h}}(x) f(x) \, \mathrm{d}x \approx 2 \frac{1}{N} \sum_{i=1}^{n} \hat{f}_{\text{h},-i}(x) \tag{5-6}$$

式中：$\hat{f}_{\text{h},-i}(x)$ 为不包含样本 X_i 时的核密度估计结果。

因此，式（5-4）可以写为[77]：

$$\text{MISE} \approx \int \hat{f}_{\text{h}}(x)^2 \mathrm{d}x - 2 \frac{1}{N} \sum_{i=1}^{n} \hat{f}_{\text{h},-i}(x) \tag{5-7}$$

交叉验证方法可以在数据的训练集上评估不同带宽取值的 MISE，进而从中选取 MISE 最小的带宽取值应用于测试集。

（2）经验法则。

若使用高斯核开展核密度估计，且待估计的随机变量也是高斯分布，则可以使用西尔弗曼经验法则选择带宽。西尔弗曼经验法则通过最小化平均积分平方误差得到。假设随机变量的样本标准差为 σ，样本数量为 N，西尔弗曼经验法则如下所示[78]：

$$h_{\text{Silverman}} = \left(\frac{4\sigma^5}{3N} \right)^{1/5} \tag{5-8}$$

Python 中核密度估计的类如下所示：

```
class statsmodels.nonparametric.kde.KDEUnivariate(self，endog)
```

（3）endog：随机变量数据。

5.4.2　狄利克雷过程混合模型

传统的高斯混合模型可以定义为[79]：

$$p(x \mid \boldsymbol{\pi}) = \sum_{k=1}^{K} \boldsymbol{\pi}_k N(x) \tag{5-9}$$

式中：$N(x)$ 为高斯分布；$\boldsymbol{\pi}_k$ 为高斯分布的混合权重，数量有限且固定。

狄利克雷过程混合模型（dirichlet process mixture model，DPMM）能够使用狄利克雷过程描述高斯分布权重。狄利克雷过程是"分布"的"分布"，其采样结果为离散分布，离散分布进一步采样得到混合权重。狄利克雷过程是非参数化的，其能够描述无限个混合权重。狄利克雷过程混合模型如下所示[80]：

$$p(x \mid \boldsymbol{\pi}) = \sum_{k=1}^{K} \boldsymbol{\pi}_k N(x) \tag{5-10}$$

$$G(\boldsymbol{\pi} \mid \alpha, H) \sim DP(\boldsymbol{\pi} \mid \alpha H)$$

其中 α 控制了采样的离散程度，数值越大，$G(\boldsymbol{\pi} \mid \alpha, H)$ 越离散，即高斯分

布混合数量更多,其中 H 是基分布。狄利克雷函数采样得到的分布期望 $E[G(\pi|\alpha, H)]$ 与基分布概率 $H(\pi)$ 相同。在实际的应用过程中,由于计算负担与存储空间限制,无法实现无限的狄利克雷过程采样。因此常采用截棍过程进行近似采样。

Python 中狄利克雷过程混合模型的的类定义如下:

```
class sklearn.mixture.BayesianGaussianMixture(self, * , n_components = 1, covariance_type = 'full', tol = 0.001, reg_covar = 1e-06, max_iter = 100, n_init = 1, init_params = 'kmeans', weight_concentration_prior_type = 'dirichlet_process', weight_concentration_prior = None, mean_precision_prior = None, mean_prior = None, degrees_of_freedom_prior = None, covariance_prior = None, random_state = None, warm_start = False, verbose = 0, verbose_interval = 10)
```

- n_components:最大混合数量。
- covariance_type:协方差类型,需要为"spherical""tied""diag""full"等中的一个。
- tol:收敛阈值。
- reg_covar:添加到协方差对角线的非负正则化参数,以保证协方差矩阵为正。
- max_iter:最大迭代次数。
- n_init:开展计算的次数,从所有实验中选取似然函数最优的模型作为结果。
- init_params:权重的初始化方法,可以为"kmeans""k-means++""random""random_from_data"。
- weight_concentration_prior_type:权重的先验类型,可以为"dirichlet_process""dirichlet_distribution"。
- weight_concentration_prior:权重先验。若未设置,则默认为均匀权重。
- mean_precision_prior:高斯分布成分的聚集程度。数值越大,则高斯分布均值越集中在 mean_prior 周围。
- mean_prior:高斯分布成分均值的先验。若未设置,则默认为采样数据的均值。
- degrees_of_freedom_prior:协方差自由度的先验。若未设置,则默认为采样数据的特征数量。
- covariance_prior:协方差先验。若未设置,则默认为采样数据的协方差。
- random_state:随机数种子。
- warm_start:是否使用前一次训练的参数进行初始化。

- verbose：是否输出详细过程。
- verbose_interval：输出详细过程的间隔。

5.4.3　高斯过程回归

高斯过程回归(gaussian process regerssion，GPR)假设时间轴上每一个点都服从高斯分布，多个点联合分布服从多元高斯分布。高斯回归过程最重要的参数为均值与方差。一般而言均值定义为线性函数，方差被定义为核函数。假设已有的自变量数据为 x、因变量数据为 y。高斯过程可以认为是估计下述函数[81]：

$$y = f(x) + \varepsilon \tag{5-11}$$

式中：ε 为白噪声成分。

给定待预测的自变量数据为 x^*、因变量数据为 y^*，则预测结果可以表示为[81]：

$$\begin{cases} p(y^* \mid x^*) = N(\mu, \sigma^2) \\ \mu = K(x^*, x)^{\mathrm{T}} [K(x^*, x^*) + \sigma_\varepsilon^2 I_n]^{-1} y \\ \sigma^2 = \sigma_\varepsilon^2 + K(x^*, x^*) - K(x^*, x)^{\mathrm{T}} [K(x^*, x^*) + \sigma_\varepsilon^2 I_n]^{-1} K(x^*, x) \end{cases} \tag{5-12}$$

式中：σ_ε^2 为白噪声成分的方差。

Python 中高斯过程回归的类如下：

```
class sklearn.gaussian_process.GaussianProcessRegressor(self, kernel = None, * , alpha = 1e-10, optimizer = 'fmin_l_bfgs_b', n_restarts_optimizer = 0, normalize_y = False, copy_X_train = True, random_state = None)
```

- kernel：用于计算高斯过程模型的核函数。
- alpha：用于避免奇异值的小数值。
- optimizer：高斯过程回归求解器，默认为 fmin_l_bfgs_b。
- n_restarts_optimizer：重新运行求解器的次数。数值为 0 则仅运行一次。
- normalize_y：是否将高斯过程因变量归一化到零均值、单位方差。
- copy_X_train：输出是否包含训练数据的副本。
- random_state：随机数种子。

5.5 WRF 不确定性描述实例

5.5.1 参数化描述方法实例

使用 scipy. stats 对象实现 WRF 不确定性参数化描述，其中计算 CRPS 的代码如下所示。第 17 行将 cdf 函数向量化，以支持 crps_quadrature 函数计算。

```
1. def Evaluate_crps(x, y, f, kw):
2.      '''
3.      计算 scipy.stats 分布的 CRPS 损失值
4.      :param x：实际值
5.      :param y：确定性预测值
6.      :param f：scipy.stats 分布函数
7.      :param kw：scipy.stats 分布参数
8.      :return：CRPS 损失值
9.      '''
10.     def cdf(* args, * * kwdargs)：
11.         return f(* args, * * kwdargs).cdf
12.
13.     crps = [ ]
14.     for i, x_ in enumerate(x)：
15.         kw_temp = copy.deepcopy(kw)
16.         kw_temp[ 'loc'] += y[ i] * kw_temp[ 'scale']
17.         cdfs = np.vectorize(cdf)(* * kw_temp)
18.         crps.append(crps_quadrature(x_, cdfs, tol=1e- 3))
19.
20.     return sum(crps)/len(crps)
```

　　4 种参数化分布的 CRPS 指数如表 5-2 所示。从表 5-2 可以看出，Weilbull
分布获得了最优的不确定性评估精度。绘制所有分布的拟合结果，可以看出
Weibull 分布的拟合结果最接近于测试集的概率分布。将上述分布的拟合结果
取 90%、95% 及 99% 分位数，叠加在确定性预测结果上，可以得到不确定性预
测预测结果，如图 5-1 与图 5-2 所示。图 5-2 图例中 CI 代表置信区间
（confidence interval）。

表 5-2　参数化不确定性描述精度

模型	CRPS
Gaussian	0.527
Weibull	0.522
Gamma	0.527
Burr	0.529

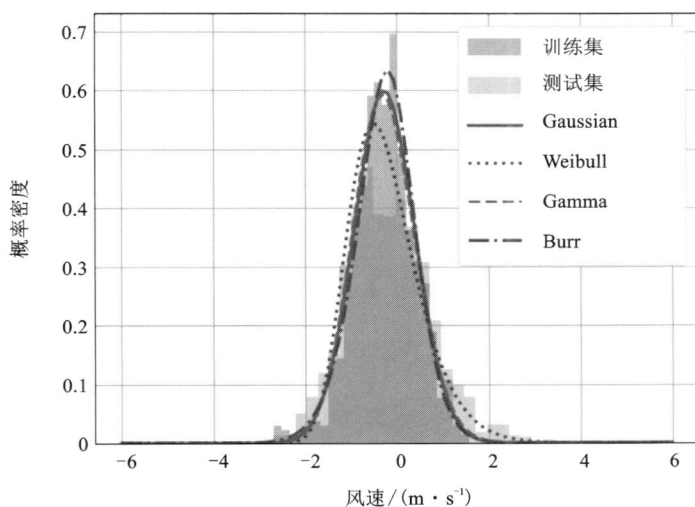

图 5-1　Gaussian 分布、Weibull 分布、Gamma 分布、Burr 分布拟合结果

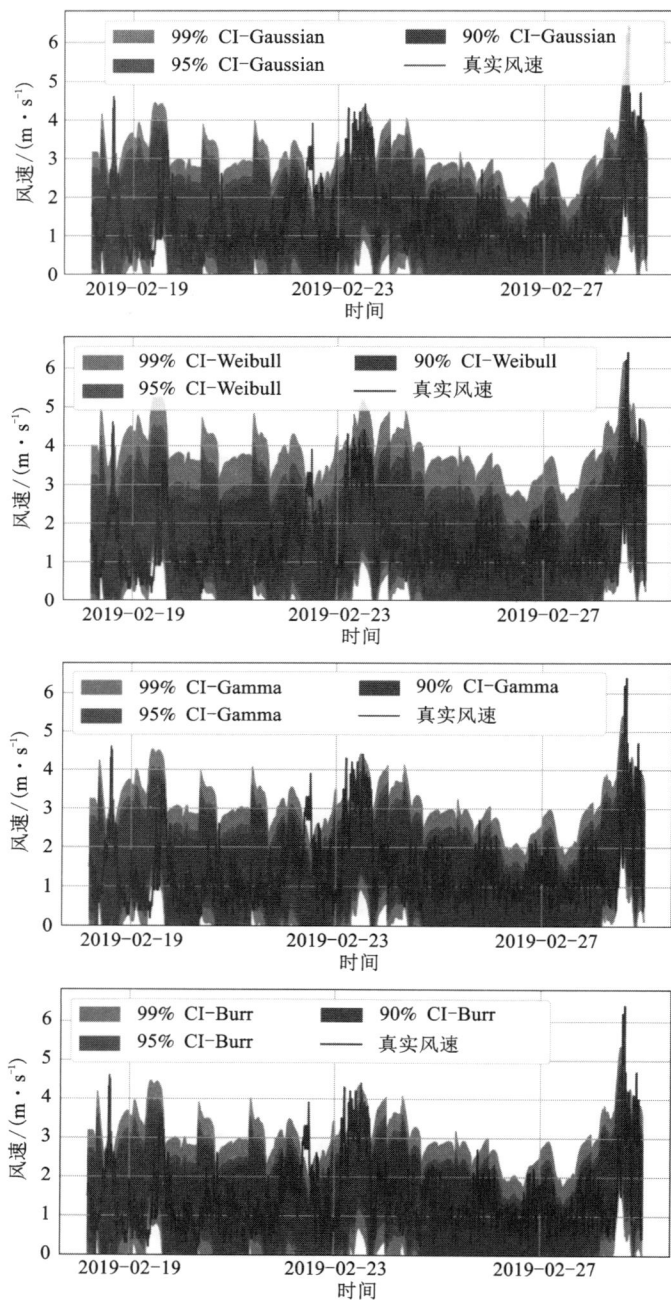

图 5-2　Gaussian 分布、Weibull 分布、Gamma 分布、Burr 分布的不确定性评估结果

5.5.2　KDE 描述方法实例

采用 statsmodels. nonparametric. kde. KDEUnivariate 实现 WRF 不确定性 KDE 描述。本节先使用经验法则确定带宽基本范围, 再进一步使用交叉验证方法确定最终参数。KDE 的 CRPS 性能计算代码如下所示。由于 KDE 没有 cdf( ) 函数, 需要自定义 cdf 函数(第 11~14 行)。

```
1. def Evaluate_crps(x, y, kde):
2.      '''
3.      计算 scipy.stats 分布的 CRPS 损失值
4.      : param x：实际值
5.      : param y：确定性预测值
6.      : param kde：KDEUnivariate 对象
7.      : return：CRPS 损失值
8.      '''
9.      crps = [ ]
10.     for i, x_ in enumerate(x):
11.         def cdf(x):
12.             return np.interp(x,
13.                             kde.support + y[i],
14.                             np.cumsum(kde.density * np.diff(kde.support)[0]))
15.
16.         crps.append(crps_quadrature(x_, cdf, tol=1e-3))
17.
18.     return sum(crps)/len(crps)
```

图 5-3 提供了所有参数配置的 KDE 交叉验证损失。可以看出，最优的 KDE 核函数为 biw 核，带宽为 0.5463，对应的交叉验证损失为-0.43656。为了进一步分析核函数与带宽对拟合结果的影响，所有参数配置情况下的 KDE 拟合结果如图 5-4~图 5-7 所示。可以看出，带宽过低会导致 KDE 拟合结果剧烈震荡，带宽过高会导致拟合结果过于平缓。相比于其他核函数，gau 核的拟合结果更趋于平缓。将上述分布的拟合结果取 90%、95% 及 99% 分位数，叠加在确定性预测结果上，可以得到不确定性预测结果，如图 5-8 所示。

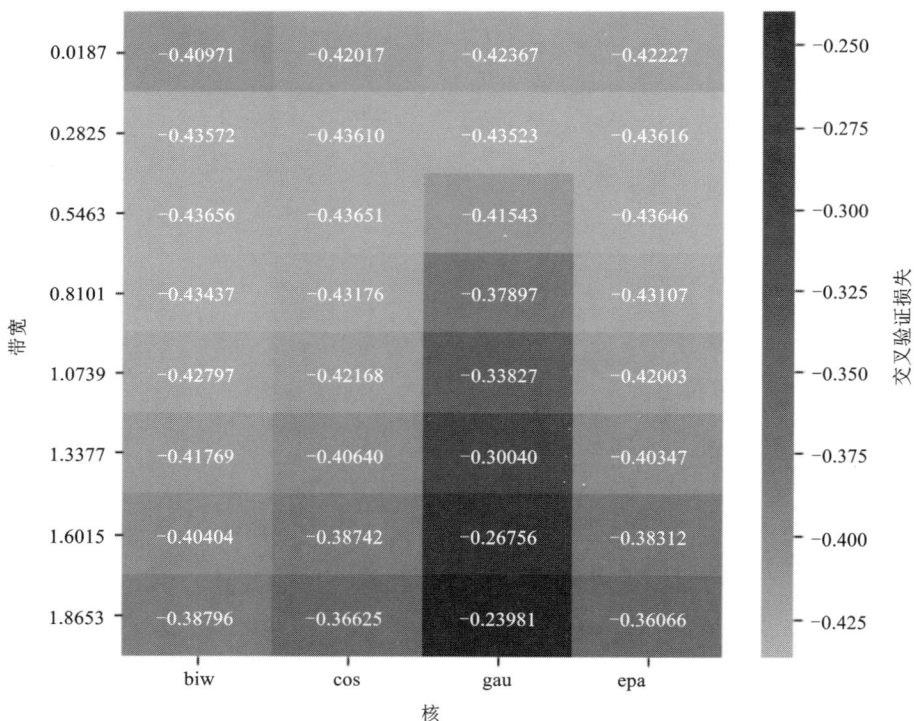

图 5-3　KDE 交叉验证损失

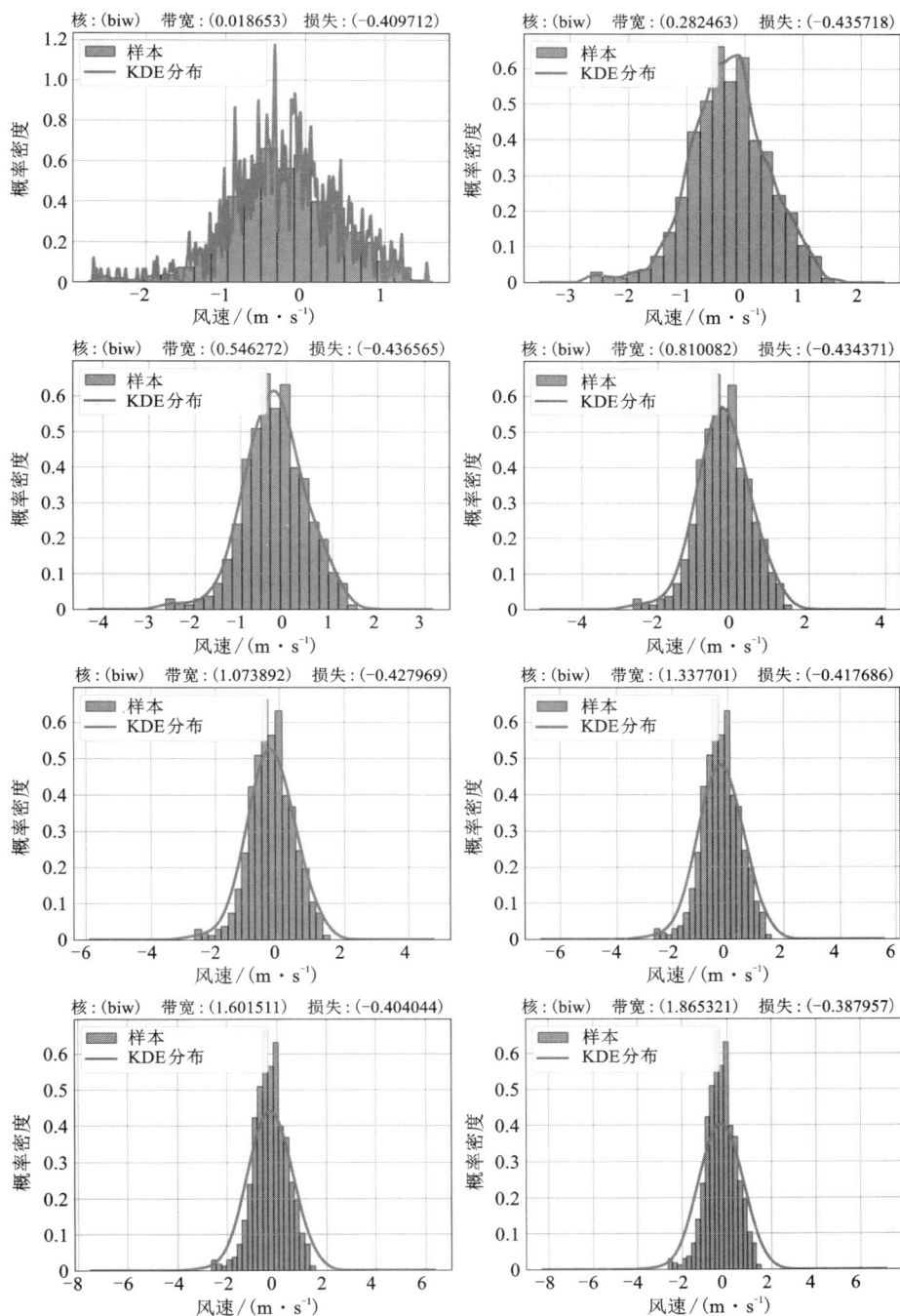

图 5-4　biw 核的 KDE 拟合结果

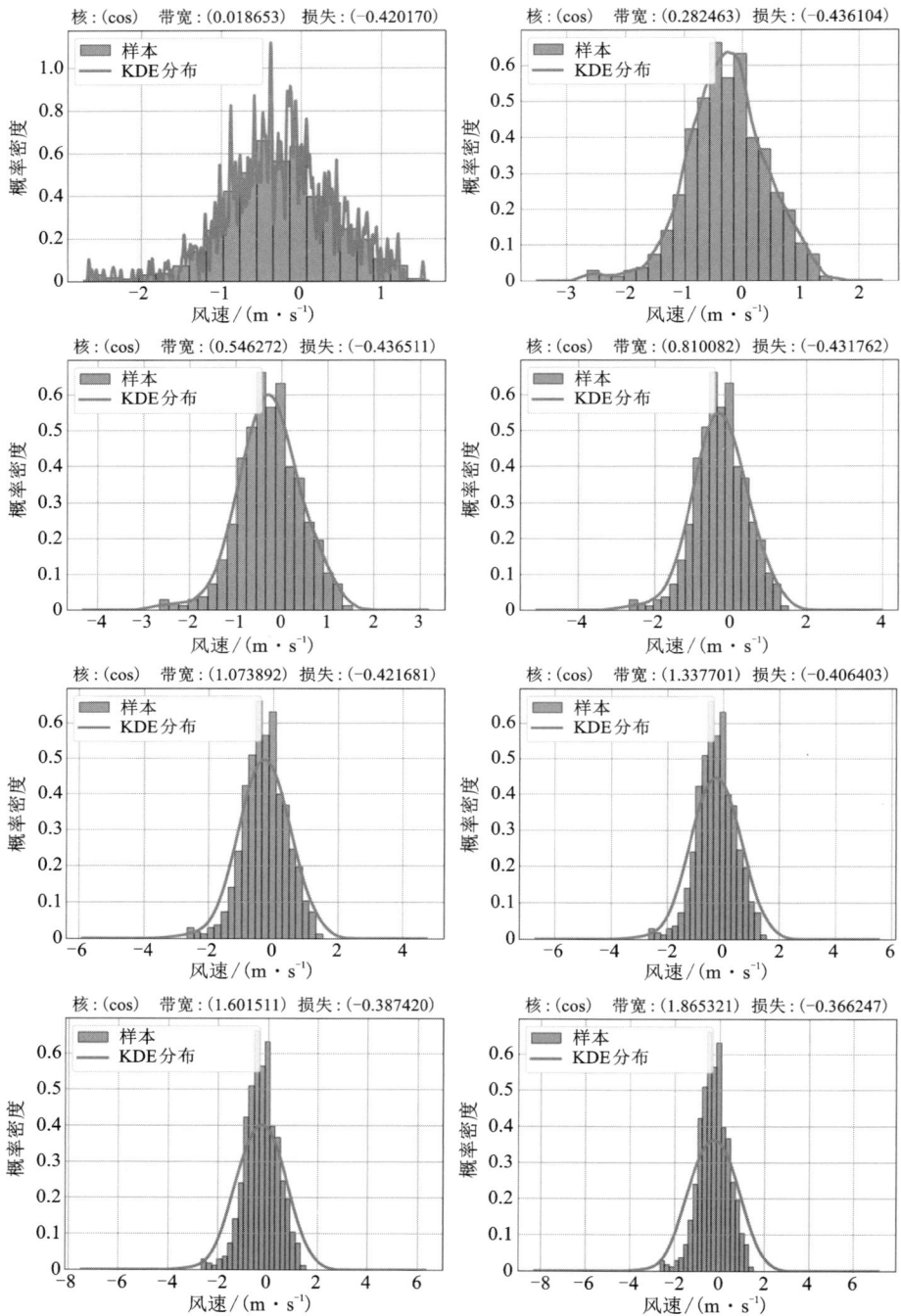

图 5-5 cos 核的 KDE 拟合结果

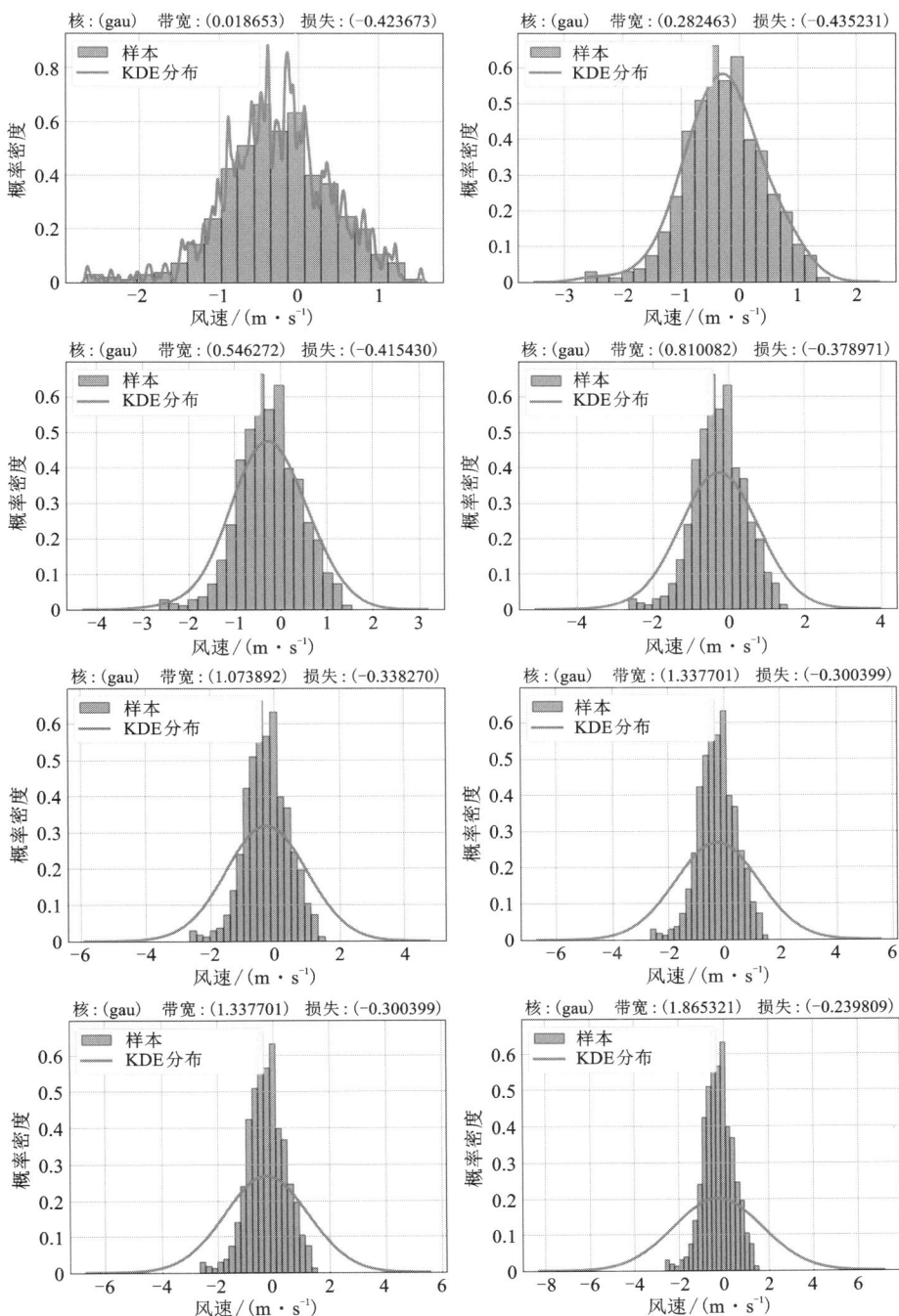

图 5-6 gau 核的 KDE 拟合结果

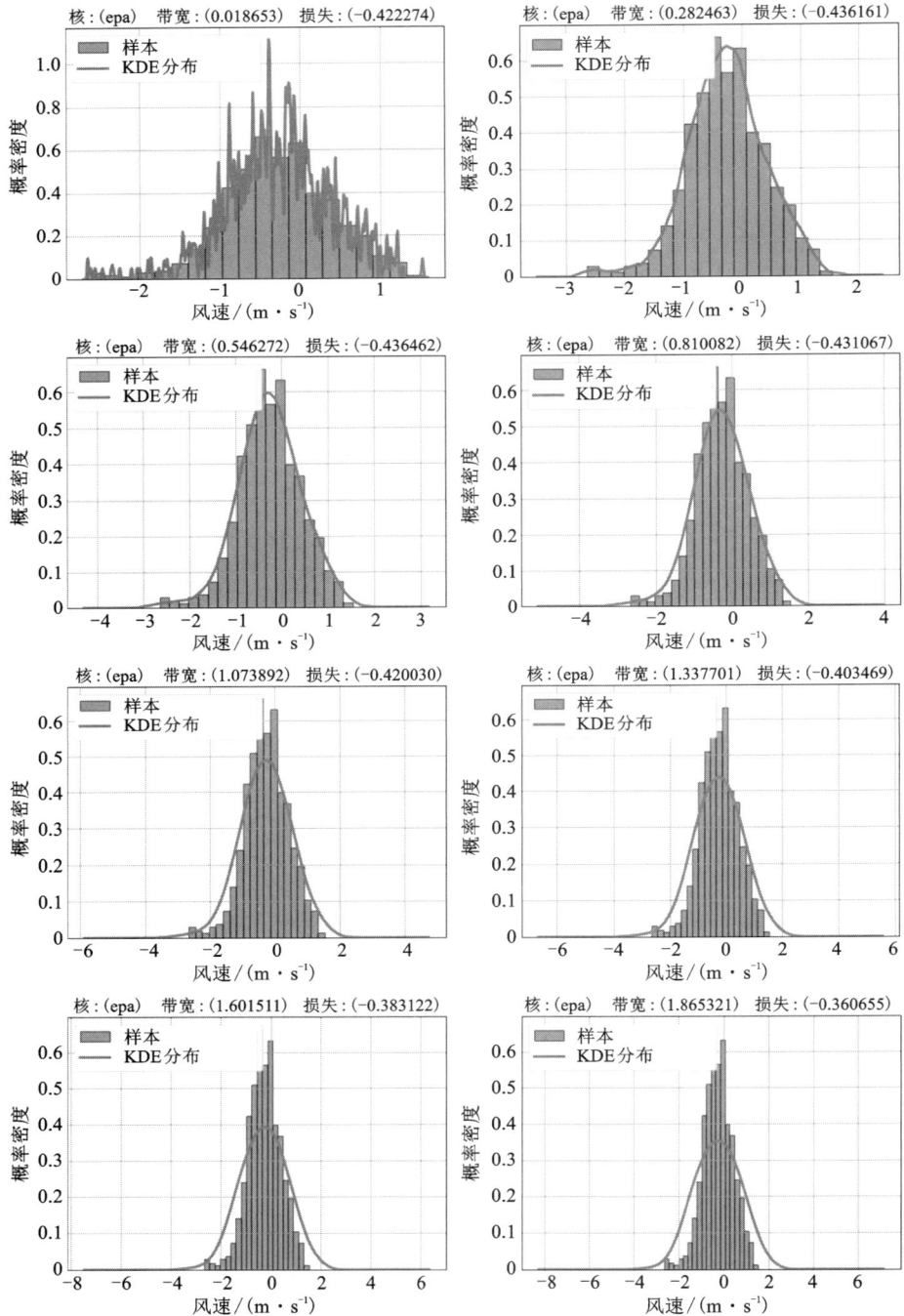

图 5-7 epa 核的 KDE 拟合结果

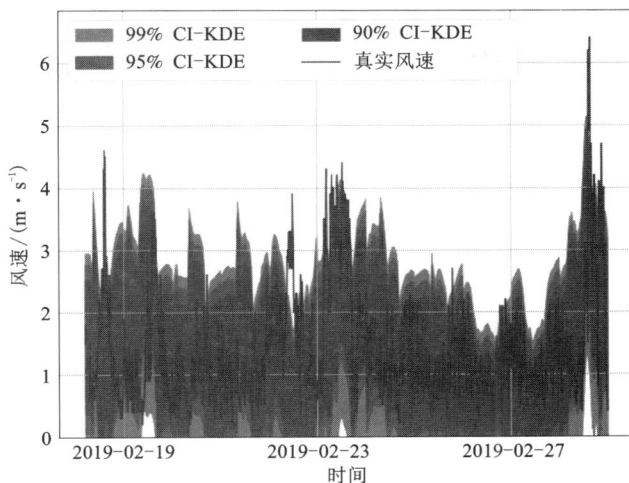

图 5-8　KDE 的不确定性预测结果

　　KDE 模型与 4 种参数化模型的不确定性描述精度对比如表 5-3 所示。从表 5-3 能够看出，非参数的 KDE 模型能够获得比 Gaussian 模型、Gamma 模型、Burr 模型都更优的性能。这是因为 KDE 模型的非参数化性质使得其能够根据数据的真实分布调整概率密度形状。相比于参数化模型，KDE 模型的灵活性更好。因此能够获得更优的精度。但相比于 Weibull 模型，KDE 模型的性能更劣。这是因为 KDE 算法是数据驱动的，本书使用的历史数据量不足，导致KDE 模型性能有限。

表 5-3　KDE 模型与参数化模型不确定性描述精度对比

模型类型	模型	CRPS
参数化	Gaussian	0.527
	Weibull	0.522
	Gamma	0.527
	Burr	0.529
非参数化	KDE	0.526

5.5.3　DPMM 描述方法实例

采用 sklearn. mixture. BayesianGaussianMixture 实现 WRF 不确定性 DPMM 描述。与 KDE 类似，DPMM 的 CRPS 性能计算需要额外定义 cdf 函数，如下所示。

```
1.  def Evaluate_crps(x, y, dpmm_support, dpmm_cdf):
2.      '''
3.      计算 scipy.stats 分布的 CRPS 损失值
4.      : param x：实际值
5.      : param y：确定性预测值
6.      : param dpmm_support：DPMM 模型的支集
7.      : param dpmm_cdf：DPMM 模型的累积概率密度函数
8.      : return：CRPS 损失值
9.      '''
10.
11.     crps = [ ]
12.     for i, x_ in enumerate(x):
13.         def cdf(x):
14.             return np.interp(x,
15.                             dpmm_support + y[i], dpmm_cdf)
16.
17.         crps.append(crps_quadrature(x_, cdf, tol=1e-3))
18.
19.     return sum(crps)/len(crps)
```

图 5-9 绘制了 DPMM 高斯成分的权重、均值与方差。可以看出，除了第 1、2、4 个成分外，其他成分的权重均为 0。如图 5-10 所示，由多个高斯分布构成的 DPMM 混合分布能够很好地描述残差不确定性。将 DPMM 分布的拟合结果取 90%、95% 及 99% 分位数，叠加在确定性预测结果上，可以得到不确定性预测结果，如图 5-11 所示。

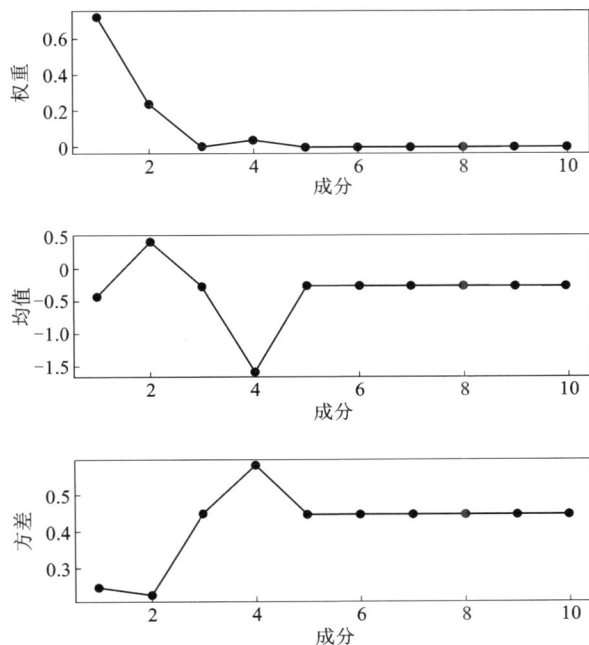

图 5-9　DPMM 高斯成分的权重、均值与方差

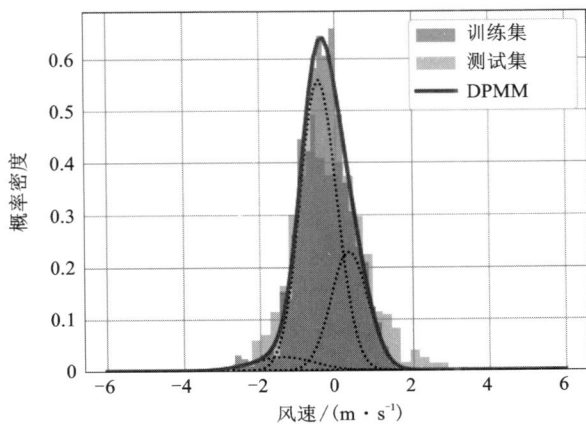

图 5-10　DPMM 拟合结果

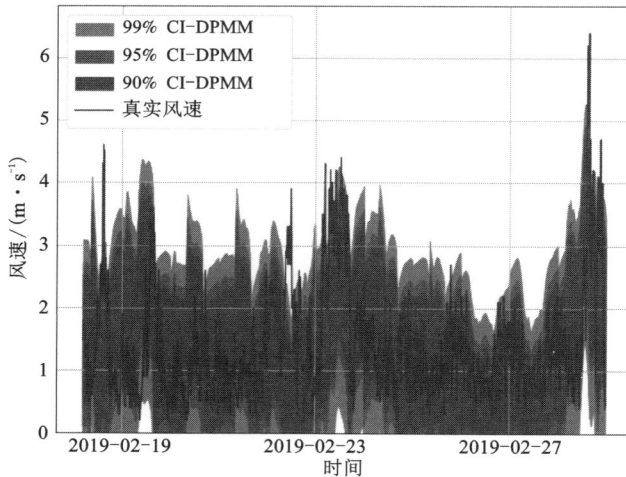

图 5-11 DPMM 的不确定性预测结果

DPMM 模型与 4 种参数化模型的不确定性描述精度对比如表 5-4 所示。能够看出，在非参数化模型中，DPMM 算法的性能弱于全部 4 种参数化分布。参考图 5-10，能够看出 DPMM 建模得到的概率分布与训练数据的实际分布吻合度较高，但由于训练数据与测试数据的概率分布差异较大，导致 DPMM 在测试数据集上的性能较差。在后续研究中，可通过增加数据量的方式缓解该问题。

表 5-4 DPMM 模型与参数化模型不确定性描述精度对比

模型类型	模型	CRPS
参数化	Gaussian	0.527
	Weibull	0.522
	Gamma	0.527
	Burr	0.529
非参数化	DPMM	0.530

5.5.4　GPR 描述方法实例

采用 sklearn. gaussian_process. GaussianProcessRegressor 实现 WRF 不确定性
GPR 描述。由于 GPR 模型对超参数较为敏感，需要使用 GridSearchCV 函数实
现对核函数及其参数的交叉验证选择。GPR 的 CRPS 计算代码如下所示。由于
GPR 每一个时刻的预测结果都为高斯分布，因此可以直接调用 norm. cdf( )函
数输入 crps_quadrature。

```
1.  def Evaluate_crps(x, y_mean, y_std):
2.      '''
3.      计算 scipy.stats 分布的 CRPS 损失值
4.      : param x：实际值
5.      : param y_mean：GPR 模型的预测均值
6.      : param y_std：GPR 模型的预测标准差
7.      : return：CRPS 损失值
8.      '''
9.
10.     crps = [ ]
11.     for i, x_ in enumerate(x):
12.         def cdf(* args, * * kwdargs):
13.             return norm(* args, * * kwdargs).cdf
14.
15.         cdfs = np.vectorize(cdf)(loc=y_mean[i], scale=y_std[i])
16.         crps.append(crps_quadrature(x_, cdfs, tol=1e-3))
17.
18.     return sum(crps)/len(crps)
```

经过交叉验证，得到最优的 GPR 核函数为 RationalQuadratic，对应的参数
分别为 0.1 与 1。将 GPR 分布的拟合结果取 90%、95% 及 99% 分位数，叠加在
确定性预测结果上，可以得到不确定性预测结果，如图 5-12 所示。

GPR 模型与 4 种参数化模型的不确定性描述精度对比如表 5-5 所示。从
表 5-5 能够看出，在非参数化模型中，GPR 算法的性能弱于全部 4 种参数化分

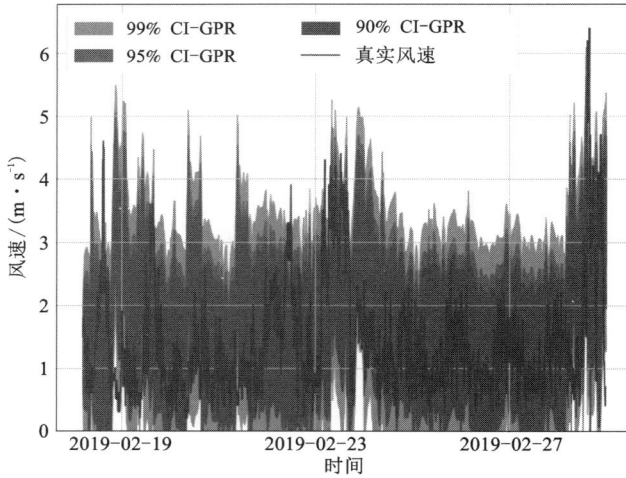

图 5-12　GPR 的不确定性评估结果

布。这主要是因为 GPR 不仅要描述风速数据的随机特性，还要拟合子模型预测数据与真实数据的关联关系，建模难度较大。在后续研究中，可通过增加数据量的方式提升模型精度。

表 5-5　GPR 模型与参数化模型不确定性描述精度对比

模型类型	模型	CRPS
参数化	Gaussian	0.527
	Weibull	0.522
	Gamma	0.527
	Burr	0.529
非参数化	GPR	0.554

参考文献

[1] Alonzo B, Tankov P, Drobinski P, et al. Probabilistic wind forecasting up to three months ahead using ensemble predictions for geopotential height [J]. International Journal of Forecasting, 2020, 36(2): 515-30.

[2] Liu H, Li Y, Duan Z, et al. A review on multi-objective optimization framework in wind energy forecasting techniques and applications [J]. Energy Conversion and Management, 2020, 224: 113324.

[3] Qian Z, Pei Y, Zareipour H, et al. A review and discussion of decomposition-based hybrid models for wind energy forecasting applications [J]. Applied Energy, 2019, 235: 939-53.

[4] Xu W F, Liu P, Cheng L, et al. Multi-step wind speed prediction by combining a WRF simulation and an error correction strategy [J]. Renewable Energy, 2021, 163: 772-82.

[5] Powers J G. Numerical Prediction of an Antarctic Severe Wind Event with the Weather Research and Forecasting (WRF) Model [J]. Monthly Weather Review, 2007, 135(9): 3134-57.

[6] Nygaard B E K, Kristjánsson J E, Makkonen L. Prediction of In-Cloud Icing Conditions at Ground Level Using the WRF Model [J]. Journal of Applied Meteorology and Climatology, 2011, 50(12): 2445-59.

[7] Liu J, Bray M, Han D. A study on WRF radar data assimilation for hydrological rainfall prediction [J]. Hydrology and Earth System Sciences, 2013, 17(8): 3095-110.

[8] Raju P V S, Potty J, Mohanty U C. Sensitivity of physical parameterizations on prediction of tropical cyclone Nargis over the Bay of Bengal using WRF model [J]. Meteorology and Atmospheric Physics, 2011, 113(3-4): 125-37.

[9] Etherton B, Santos P. Sensitivity of WRF Forecasts for South Florida to Initial Conditions [J]. Weather and Forecasting, 2008, 23(4): 725-40.

[10] Papazek P, Schicker I, Plant C, et al. Feature selection, ensemble learning, and

artificial neural networks for short-range wind speed forecasts [J]. Meteorologische Zeitschrift, 2020: 1-17.

[11] Zhu S, Yuan X H, Xu Z Y, et al. Gaussian mixture model coupled recurrent neural networks for wind speed interval forecast [J]. Energy Conversion and Management, 2019, 198: 111772.

[12] Pham B T, Le L M, Le T T, et al. Development of advanced artificial intelligence models for daily rainfall prediction [J]. Atmospheric Research, 2020, 237.

[13] Yan X A, Liu Y, Xu Y D, et al. Multistep forecasting for diurnal wind speed based on hybrid deep learning model with improved singular spectrum decomposition [J]. Energy Conversion and Management, 2020, 225: 113456.

[14] Hong Y Y, Rioflorido C L P P. A hybrid deep learning-based neural network for 24-h ahead wind power forecasting [J]. Applied Energy, 2019, 250: 530-9.

[15] Niu Z W, Yu Z Y, Tang W H, et al. Wind power forecasting using attention-based gated recurrent unit network [J]. Energy, 2020, 196: 117081.

[16] Chen Y H, He Z S, Shang Z H, et al. A novel combined model based on echo state network for multi-step ahead wind speed forecasting: A case study of NREL [J]. Energy Conversion and Management, 2019, 179: 13-29.

[17] Liu H, Duan Z, Chen C, et al. A novel two-stage deep learning wind speed forecasting method with adaptive multiple error corrections and bivariate Dirichlet process mixture model [J]. Energy Conversion and Management, 2019, 199: 111975.

[18] Chen J, Zeng G Q, Zhou W N, et al. Wind speed forecasting using nonlinear-learning ensemble of deep learning time series prediction and extremal optimization [J]. Energy Conversion and Management, 2018, 165: 681-95.

[19] Jiang P, Liu Z K, Niu X S, et al. A Combined Forecasting System based on Statistical Method, Artificial Neural Networks, and Deep Learning Methods for Short-Term Wind Speed Forecasting [J]. Energy, 2020: 119361.

[20] Schultz M G, Betancourt C, Gong B, et al. Can deep learning beat numerical weather prediction? [J]. Philosophical Transactions of the Royal Society A, 2021, 379 (2194): 20200097.

[21] Zhao J, Guo Z H, Guo Y L, et al. A self-organizing forecast of day-ahead wind speed: Selective ensemble strategy based on numerical weather predictions [J]. Energy, 2021, 218: 119509.

[22] Sofiati I, Nurlatifah A. The prediction of rainfall events using WRF (weather research and forecasting) model with ensemble technique: proceedings of the IOP Conference Series: Earth and Environmental Science, F, 2019 [C]. IOP Publishing.

[23] Hu J L, Li X, Huang L, et al. Ensemble prediction of air quality using the WRF/CMAQ model system for health effect studies in China [J]. Atmospheric Chemistry and Physics, 2017, 17(21): 13103-18.

［24］ Yuan X, Liang X Z, Wood E F. WRF ensemble downscaling seasonal forecasts of China winter precipitation during 1982 - 2008 ［J］. Climate Dynamics, 2011, 39 (7 - 8): 2041-58.

［25］ Zhao J, Guo Z H, Su Z Y, et al. An improved multi-step forecasting model based on WRF ensembles and creative fuzzy systems for wind speed ［J］. Applied Energy, 2016, 162: 808-26.

［26］ Goodarzi L, Banihabib M E, Roozbahani A. A decision-making model for flood warning system based on ensemble forecasts ［J］. Journal of Hydrology, 2019, 573: 207-19.

［27］ Cheng S, Li L, Chen D, et al. A neural network based ensemble approach for improving the accuracy of meteorological fields used for regional air quality modeling ［J］. J Environ Manage, 2012, 112: 404-14.

［28］ Wang A X, Xu L B, Li Y, et al. Random-forest based adjusting method for wind forecast of WRF model ［J］. Computers & Geosciences, 2021, 155: 104842.

［29］ Sayeed A, Choi Y, Jung J, et al. A deep convolutional neural network model for improving WRF simulations ［J］. IEEE Transactions on Neural Networks and Learning Systems, 2021, 34(2): 750-60.

［30］ Cheng Y, Wang S B, Yuan S, et al. Combined Probabilistic Prediction of Distributed Wind Power Based on WRF; proceedings of the 2020 IEEE/IAS Industrial and Commercial Power System Asia (I&CPS Asia), F, 2020 ［C］. IEEE.

［31］ Parker W S. Reanalyses and Observations: What's the Difference? ［J］. Bulletin of the American Meteorological Society, 2016, 97(9): 1565-72.

［32］ Wang X G, Parrish D, Kleist D, et al. GSI 3DVar-based ensemble-variational hybrid data assimilation for NCEP Global Forecast System: Single-resolution experiments ［J］. Monthly Weather Review, 2013, 141(11): 4098-117.

［33］ Tian X J, Feng X B. A non-linear least squares enhanced POD-4DVar algorithm for data assimilation ［J］. Tellus A: Dynamic Meteorology and Oceanography, 2015, 67 (1): 25340.

［34］ Keller J, Franssen H J H, Wolfgang Nowak. Investigating the pilot point ensemble Kalman filter for geostatistical inversion and data assimilation ［J］. Advances in Water Resources, 2021, 155: 104010.

［35］ Smyth E J, Raleigh M S, Small E E. Particle filter data assimilation of monthly snow depth observations improves estimation of snow density and SWE ［J］. Water Resources Research, 2019, 55(2): 1296-311.

［36］ Takbash A, Young I R. Long-term and seasonal trends in global wave height extremes derived from era-5 reanalysis data ［J］. Journal of Marine Science and Engineering, 2020, 8(12): 1015.

［37］ Mooney P A, Mulligan F J, Fealy R. Comparison of ERA-40, ERA-Interim and NCEP/ NCAR reanalysis data with observed surface air temperatures over Ireland ［J］. International

Journal of Climatology, 2011, 31(4): 545-57.

［38］ Ware J, Kort E A, Duren R, et al. Detecting urban emissions changes and events with a near-real-time-capable inversion system ［J］. Journal of Geophysical Research: Atmospheres, 2019, 124(9): 5117-30.

［39］ 胡晓梅, 李文楷, 李佳豪, 等. 耦合像素坐标的遥感图像分类实验 ［J］. 地理与地理信息科学, 2022(5): 24-30.

［40］ Deng J X, Deng Y, Cheong K H. Combining conflicting evidence based on Pearson correlation coefficient and weighted graph ［J］. International Journal of Intelligent Systems, 2021, 36(12): 7443-60.

［41］ Baskar S, Dhulipala V R, Shakeel P M, et al. Hybrid fuzzy based spearman rank correlation for cranial nerve palsy detection in MIoT environment ［J］. Health and Technology, 2020, 10(1): 259-70.

［42］ Soukissian T H, Karathanasi F E, Zaragkas D K. Exploiting offshore wind and solar resources in the Mediterranean using ERA5 reanalysis data ［J］. Energy Conversion and Management, 2021, 237: 114092.

［43］ Agresti A. Analysis of ordinal categorical data ［M］. John Wiley & Sons, 2010.

［44］ Stuart A. The estimation and comparison of strengths of association in contingency tables ［J］. Biometrika, 1953, 40(1/2): 105-10.

［45］ Schaffer A L, Dobbins T A, Pearson S A. Interrupted time series analysis using autoregressive integrated moving average (ARIMA) models: a guide for evaluating large-scale health interventions ［J］. BMC medical research methodology, 2021, 21(1): 1-12.

［46］ Lee S, Moon H, Son C H, et al. Respiratory Rate Estimation Combining Autocorrelation Function-Based Power Spectral Feature Extraction with Gradient Boosting Algorithm ［J］. Applied Sciences, 2022, 12(16): 8355.

［47］ Kallas M, Honeine P, Francis C, et al. Kernel autoregressive models using Yule-Walker equations ［J］. Signal Processing, 2013, 93(11): 3053-61.

［48］ Chai T F, Draxler R R. Root mean square error (RMSE) or mean absolute error (MAE)? - Arguments against avoiding RMSE in the literature ［J］. Geoscientific model development, 2014, 7(3): 1247-50.

［49］ Mohanad S. Al-Musaylh, Ravinesh C. Deo, Jan F. Adamowski, et al. Short-term electricity demand forecasting with MARS, SVR and ARIMA models using aggregated demand data in Queensland, Australia ［J］. Advanced Engineering Informatics, 2018, 35: 1-16.

［50］ ECMWF. ERA5 Reanalysis (0. 25 Degree Latitude-Longitude Grid) ［DS］. 2019,

［51］ Deppe A J, Jr W A G, Takle E S. A WRF ensemble for improved wind speed forecasts at turbine height ［J］. Weather and Forecasting, 2013, 28(1): 212-28.

［52］ Tirer T, Giryes R. Back-projection based fidelity term for ill-posed linear inverse problems ［J］. IEEE Transactions on Image Processing, 2020, 29: 6164-79.

［53］ Kyrchei I. Weighted singular value decomposition and determinantal representations of the quaternion weighted Moore-Penrose inverse ［J］. Applied Mathematics and Computation, 2017, 309: 1-16.

［54］ Abłamowicz R. The Moore-Penrose inverse and singular value decomposition of split quaternions ［J］. Advances in Applied Clifford Algebras, 2020, 30(3): 1-20.

［55］ Mirjalili S, Mirjalili S M, Andrew Lewis. Grey wolf optimizer ［J］. Advances in engineering software, 2014, 69: 46-61.

［56］ Ishibuchi H, Imada R, Setoguchi Y, et al. Performance comparison of NSGA－Ⅱ and NSGA－Ⅲ on various many-objective test problems; proceedings of the 2016 IEEE Congress on Evolutionary Computation (CEC), F, 2016 ［C］. IEEE.

［57］ Deb K. Multi-objective optimization ［M］//DEB K. Search methodologies. Springer. 2014: 403-49.

［58］ Domingos P. A unified bias-variance decomposition; proceedings of the Proceedings of 17th international conference on machine learning, F, 2000 ［C］. Morgan Kaufmann Stanford.

［59］ Olson D L. Comparison of weights in TOPSIS models ［J］. Mathematical and Computer Modelling, 2004, 40(7-8): 721-7.

［60］ Opricovic S, Tzeng G H. Extended VIKOR method in comparison with outranking methods ［J］. European journal of operational research, 2007, 178(2): 514-29.

［61］ Moon T, Hong S, Choi H Y, et al. Interpolation of greenhouse environment data using multilayer perceptron ［J］. Computers and Electronics in Agriculture, 2019, 166: 105023.

［62］ Cortes C, Vapnik V. Support-vector networks ［J］. Machine Learning, 1995, 20(3): 273-97.

［63］ Maldonado S, González A, Crone S. Automatic time series analysis for electric load forecasting via support vector regression ［J］. Applied Soft Computing, 2019, 83: 105616.

［64］ Qiu Y G, Zhou J, Khandelwal M, et al. Performance evaluation of hybrid WOA-XGBoost, GWO-XGBoost and BO-XGBoost models to predict blast-induced ground vibration ［J］. Engineering with Computers, 2021: 1-18.

［65］ Duan Z, Liu H, Li Y, et al. Time-variant post-processing method for long-term numerical wind speed forecasts based on multi-region recurrent graph network ［J］. Energy, 2022, 259: 125021.

［66］ Goodfellow I, Bengio Y, Aaron Courville. Deep learning ［M］. MIT press, 2016.

［67］ Cho K, Merriënboer B V, Gulcehre C, et al. Learning phrase representations using RNN encoder-decoder for statistical machine translation ［J］. arXiv, 2014.

［68］ Zha W S, Liu Y P, Wan Y J, et al. Forecasting monthly gas field production based on the CNN-LSTM model ［J］. Energy, 2022: 124889.

［69］ Ketkar N, Moolayil J, Ketkar N, et al. Convolutional neural networks ［J］. Deep Learning with Python: Learn Best Practices of Deep Learning Models with PyTorch, 2021: 197-242.

［70］ Vaswani A, Shazeer N, Parmar N, et al. Attention is all you need ［Z］. Proceedings of the 31st International Conference on Neural Information Processing Systems. Long Beach, California, USA: Curran Associates Inc. 2017: 6000-10

［71］ Rufibach K. Use of Brier score to assess binary predictions ［J］. Journal of clinical epidemiology, 2010, 63(8): 938-9.

［72］ Gneiting T, Balabdaoui F, Raftery A E. Probabilistic forecasts, calibration and sharpness ［J］. Journal of the Royal Statistical Society: Series B (Statistical Methodology), 2007, 69(2): 243-68.

［73］ McLaughlin M P. A compendium of common probability distributions ［J］. Australia: Michael P McLaughlin, 2014.

［74］ Chen Y C. A tutorial on kernel density estimation and recent advances ［J］. Biostatistics & Epidemiology, 2017, 1(1): 161-87.

［75］ Oryshchenko V. Exact mean integrated squared error and bandwidth selection for kernel distribution function estimators ［J］. Communications in Statistics-Theory and Methods, 2020, 49(7): 1603-28.

［76］ Wu C O. A cross-validation bandwidth choice for kernel density estimates with selection biased data ［J］. Journal of multivariate analysis, 1997, 61(1): 38-60.

［77］ Corder G W, Dale I Foreman. Nonparametric statistics: A step-by-step approach ［M］. John Wiley & Sons, 2014.

［78］ Silverman B W. Density estimation for statistics and data analysis ［M］. CRC press, 1986.

［79］ McLachlan G J, Rathnayake S. On the number of components in a Gaussian mixture model ［J］. Wiley Interdisciplinary Reviews: Data Mining and Knowledge Discovery, 2014, 4(5): 341-55.

［80］ Li Y L, Schofield E, Gönen M. A tutorial on Dirichlet process mixture modeling ［J］. Journal of mathematical psychology, 2019, 91: 128-44.

［81］ Schulz E, Speekenbrink M, Krause A. A tutorial on Gaussian process regression: Modelling, exploring, and exploiting functions ［J］. Journal of Mathematical Psychology, 2018, 85: 1-16.